# 江苏省高校优势学科建设工程资助项目

## （设计学）

# RHETORIC
# &
# NARRATIVE
# DESIGN

# 叙事性**设计**的修辞

江牧 著

中国建筑工业出版社

**图书在版编目（CIP）数据**

叙事性设计的修辞 / 江牧著．—北京 ：中国建筑
工业出版社，2021.5（2023.10重印)
ISBN 978-7-112-25668-6

Ⅰ．①叙… Ⅱ．①江… Ⅲ．①建筑设计–研究 Ⅳ.
①TU2

中国版本图书馆 CIP 数据核字（2020）第 241411 号


责任编辑：费海玲 张幼平
图书设计：陈 蜜 周 艺
责任校对：王 烨

**叙事性设计的修辞**

江牧 著

＊
中国建筑工业出版社出版、发行（北京海淀三里河路9号）
各地新华书店、建筑书店经销
北京光大印艺文化发展有限公司制版
北京中科印刷有限公司印刷
＊
开本：889毫米×1194毫米 1/24 印张：13 字数：218千字
2021年5月第一版 2023年10月第三次印刷
定价：**58.00**元
ISBN 978-7-112-25668-6
（36684）

叙事性

设计的

修

辞

自远古人类有交流以来，叙述事情就成为交流的主要内容。叙述指的是谈话时，说话者将其观念或信息以清晰而又有条理的方式传送给听者的信息传达过程。而后福柯扩大了其意涵，认为人类社会中，不仅言语或文字，所有信息的传递现象皆可以称为叙述，且叙述是有意图的，在于说服、解释。语言学界最早对人类的叙述进行学理层面的研究，并常用"叙事"代替"叙述"，一般二者可以通用。叙事，顾名思义就是叙＋事，即叙述事情，"叙"即讲述，而所叙的"事"指的是涉及两个或两个以上的事件或者情节。"叙事"即通过语言或者其他媒介来再现发生在特定时间和空间里的事情。

"叙事"一词最早可追溯到柏拉图的著作《理想国》，他在书中提出了著名的二分学说。美国叙事理论学家杰拉德·普林斯（Gerald Prince）在《叙述学词典》（*A Dictionary of Narratology*）中阐述，叙事就是对一个或一个以上真实或虚构事件的叙述。也就是说叙事从根本上来说是一种交流活动，它指的是信息发送者将信息传达给信息接受者这样一个过程。这其中包含了叙事的三要素：叙事者、媒介、接受者。叙事学（法文为 narratologie，英文为 narratology)1969 年由法国学者茨维坦·托多洛夫在他所著《〈十日谈〉语法》一书中提出。

20 世纪 60 至 80 年代初的结构主义叙事学被称作"经典叙事学"，80 年代后期以来在西方产生的各种跨学科分支则被称作为"后经典叙事学"。后经典叙事学家认为经典叙事学忽视了作品与社会、历史、文化环境的关联，应当将叙事作品作为文化语境的产物，关注作品与其创作语境和接受语境的关联，这样随着叙事学的发展，非文字媒介叙事越来越受到关注。

20世纪90年代，叙事学被引入设计领域，设计叙事受到后经典叙事学的影响，注重设计作品的叙事媒介、叙事方式、叙事内容和叙事技巧，形成一批讲好"故事"的设计与讲"好故事"的设计，叙事性设计油然而生。

所谓叙事性设计，就是将"叙事"作为一种方法来创造设计作品，将"叙事学"作为一种视角来分析、理解设计作品。在设计中审视作品的内在要素属性、造型结构、语意秩序之间的关联性及其关系结构，以有效地建构作品的社会文化意义。因此，叙事性设计是通过对一系列事件的组织、编排和表达来满足受众对设计作品物质层面和精神层面的双重需求，建立并引导一种沟通和交流，唤起受众内心的感受、记忆和联想，进而形成对相关的历史文脉、人文精神、自我体验更深的感知和理解。[1] 在叙事性设计中，叙事的方式与技巧十分关键。修辞作为文学叙事中常用的手段，目前也广泛运用于叙事性设计，涌现出一大批优秀的作品。适当的修辞有助于设计的表达，使其更具趣味性、艺术性，让用户更愉悦、更准确地解读信息，可以更便捷地使用产品，从而更高效地发挥产品的功能，因此，对于叙事性设计修辞手法的研究能推动设计作品成为更好的文化载体，更艺术地讲好中国故事。

【1】 张学东.设计叙事：从自发、自觉到自主[J].江西社会科学，2013（2）233.

# 目录

# 第 1 章

叙事 & 修辞

## 1.1 何为叙事

叙事，指在叙述的过程中，通过语言文字或其他媒介符号来复述现在特定情境中正在发生的事，可以简单理解为叙述一件事情。通过符号等来叙述并传递一个完整的信息则为叙事，叙述的本质为叙述事件。简而言之，叙事就是讲故事。大众日常生活中所接触到的"事"包括很多，如身边发生的真实事件和影视小说中的虚构事件，在一定程度上都属于叙事。神话传说是人类最早的故事讲述。人之所以能存活到现在，很重要的原因在于讲故事，通过故事的纽带维系人群，把个体结合成一个共同努力的集体。叙事的内涵随着时代的进步和认知的发展，不断拓展和衍生。由小说文本的叙事到其他媒介参与的跨学科性叙事也都在不约而同以自己的领域特性和媒介讲好其专属故事。

提及叙述不得不谈及叙事学。叙事学又称叙述学，叙事学就是在研究叙事文的基础上探讨如何更好地讲述故事的一个新的分支学科。中国自古以来就有自己的叙事传统和理论，但是以学科分支的形式出现，还是在受到西方叙事学的影响下产生的，后遂成为一个有自身学理体系的学科分支。西方叙事学是在结构主义和形式主义基础上发展而来的。早期的叙事学是在结构主义语言学的基础上形成的，但一直套用语言学模式的叙事学肯定无法持续发展成为一个学科分支，现代叙事学不断拓展叙事外延，渐渐形成自身特色，转而向广义叙述学的方向发展。20 世纪 80 年代以来，不少研究小说的西方学者将注意力完全转向了文本外的社会历史环境，将作品视为一种政治现象，将文学批评视为政治斗争的工具。他们反对小说的形式研究或审美研究，认为这样的研究是为维护和加强统治意识服务的。在这种"激进"的氛围下，叙事学研究受到了强烈的冲击[1]。经典叙事学的转向为叙事学的发展带来了新的生机与活力。

20世纪20至30年代，随着现代主义文学的兴起，对于小说文本类形式的故事开始以叙事的形式进行解读。20世纪60～80年代初，经典叙事学是在俄国形式主义，特别是在法国结构主义影响下诞生的，自然经典叙事学又称为结构主义叙事学。"他们将对研究对象的严格界定作为建立科学的文学理论体系的首要问题。"[2]从中可以看出，叙事诗学（语法）对于叙事中叙述的研究主要集中在对叙事文本表达形式的研究上，研究文本构成叙事方式和表达技巧。其注意力开始从关注文本外创作者的角度转为文本内的深层次作品本身，从而找寻叙事作品内在结构规律和作品内部各元素间的相互关联和意义。叙事学的研究对象是叙事文，叙事学在其创建的过程中有选择性地借鉴了小说理论家的观点和成果。20世纪80年代中后期出现的各种跨学科流派则被称为"后经典叙事学"，不同于经典叙事学之处在于，其一开始就注意到叙事作品的语境所产生的影响：语境之于创作者是其处于何种氛围情境中产出叙事作品；语境之于接受者则是作品创作完成后，其接受者是叙事作品中虚构的接受者还是现实世界中的真实存在读者，可以说是转为由文本内到文本外的分析。后经典叙事学具有独特的跨学科性，由先前单一的以文本为叙事媒介研究对象，到后经典叙事学的转向多维度的跨

【1】 申丹·新叙事理论译丛·总序[M]//戴卫·赫尔曼主编·新叙事学·马海良译·北京：北京大学出版社，2001：1-2.

【2】 胡亚敏·叙事学[M].武汉：华中师范大学出版社，2004.

学科研究，不拘泥于文学这单一学科而是尽可能地拓宽其可能性，从而丰富了叙事学的研究方法。

综上所述，叙事学探讨的是关于科学地认知叙事文本从而探寻科学的理论框架与方法，从叙述、故事、阅读这三个基本层面找寻一般规律性，从而获得对叙事文本新的见解与方法借鉴。叙事融入生活，一方面，叙事形式的再现功能有助于人们更好地解读事物，理解其真实意图；另一方面，叙事表达技巧丰富的同时可提升文学和艺术的审美性，从而让人在关于"事"的叙述中获得生理和心理的双重感知体验。

## 1.1.1　叙述

叙述的意义存在于叙事文本之中，而叙事文本又是在叙述的过程中形成的。就叙述方式而言，不同的叙述影响着叙事文本的故事性质。在对事件的研究对象进行探讨的过程中发现，特定的观察对象之间存在着一定的差异，而这一切的变化都是在观察的过程发生的，在一定程度上赋予了观察对象以特殊意义和价值。在叙事文本当中，观察角度和出发点的不同，叙述方式或语气和技巧的不同将决定叙事文本的风格和性质。在《西方叙事学：经典与后经典》一书中，申丹指出叙事学同文体学各聚焦于其中的一个层面：叙事学聚焦于结构技巧，而文体学则聚焦于遣词造句，两者构成一种对照和互补的关系。叙事学同文体学二者密切相关。

在《小说修辞学》一书中，作者布斯在阅读《奥德修记》时提出"我们会明确地对英雄们表示同情，并对求婚者们表示轻蔑，不用说，要是另一位诗人从求婚者道德角度来处理这一系列情节，他也许会轻易地引导我们带着截然不同的期待与担心进入这些历险。"[1] 作者从文中人物话语的表述中解读出其目的在于强调叙述者，而正是叙述方式的不同才会有了如此变化，其中叙述者的观察角度不同使得同样一件事情会产生不同的效应和意想不到的乐趣。在传颂经典的历史作品中，叙事得到了不同程度的丰富与发展，这不得不归结于叙述方式的巧妙集合。叙事学中故事和话语是基本部分，因此如何通过话语达到对叙述情节的描述构成了叙事文本的重要组成部分。叙事文本的表达方式包含叙述方式和表现技巧，一方面，叙述方式的不同会直接影响叙事文本的故事传达；另一方面，观察视角的差异也会影响叙事文本中事件的理解，在事件的发生变化过程中起发酵作用。视角必定落实到人的身上，其包含了视角的承担者、叙述者、叙述接受者。正是在叙述过程中，观察视角的不同影响了叙事文本的性质，而对于视角的解读，必然涉及人即视角的承担者，也可理解为站在谁的角度看待这一故事。人们关于同一事件的看法会因其观察角度的不同而产生各不相同的看法，也正是角度的差异化，一定程度上影响着事件的发展和进程。观察角度最终落实到人的身上，在《叙事学》一书中，胡亚敏将视角的承担者分为两类："一类是叙述者，故事由他观察也由他讲述；另一类是故事中的人物，包括第一人称叙事文中的人物兼叙述者'我'，也包括第三人称叙事文中的各类人物。"[2] 视角承担者的分类必然涉及视角的类型，根据热奈特的"聚焦"概念来描述，视角的三大类型即非聚焦型、内聚焦型、外聚焦型。在热奈特所描述的这三种类型中，首先非聚焦型视角又

【1】布斯著·小说修辞家 [M]. 华明等，译·北京：北京大学出版社，1987：8.

【2】胡亚敏·叙事学 [M]. 武汉：华中师范大学出版社，2004.

称为"上帝视角"，即站在制高点向下进行鸟瞰从而更好地窥探人们日常活动以及内心深处隐秘的意识活动，是一种全知全能的视角类型，以一种无所不知的叙述者身份进行叙述，即叙述者＞人物；其次是内聚焦型，又称"有限视野"，以特定的人物视角的感受和意识来表现故事的进程，只转述这个人物因外部事物接受的信息而产生的内心活动，仅仅停留在对其他人物或旁观者意识的臆测上，并不触及人物内心的认知，即叙述者＝人物；最后为外聚焦型视角，指只客观陈述外部每一件事和状态，却不涉及更多的深层次的目的和意识，是处于观察者位置的叙述者，叙述者承担客观式的陈述，所以叙述者知道的必然少于人物所说的，即叙述者＜人物。叙述者指叙事文中的"陈述行为主体"[1]，又可以称"声音或讲话者"[2]。叙述也是由视角和叙述者共同构成的，要想弄清叙述者的定义必然离不开人物关系的探讨，离不开对真实作者、暗含作者和叙述接受者的区分。首先，真实作者是生活在现实中并进行叙事作品创作的人，正是由于真实作者的文本，作品才有了叙述者；其次，暗含作者又称为"作者的第二自我"[3]，即真实作者处于特定的创作环境，在特定立场或者需求下进行写作，同时对读者而言是暗含的通过文本可推导出的一个作者，但并非是真实作者；再次，叙述接受者是指"凡叙述——无论是口述还是笔述，是叙述真事还是神话，是讲述故事还是描述一系列有连贯性的简单行动——不但必须以（至少一位）叙述者而且以（至少一位）叙述接受者为其先决条件，叙述接受者即叙述者与之对话的人"[4]，可以理解为在交流中有一个互动的模式，即叙述交流过程中，

【1】托多洛夫·文学作品分析 [M]//张寅德编选·叙述学研究·北京：中国社会科学出版社，1989：71.

【2】瑞蒙·科南·叙事虚构作品 [M].伦敦：梅休因，1983：87.

【3】布斯著·小说修辞学·华明等译·北京：北京大学出版社，1987：80.

【4】普兰斯·释虚构作品中的一个概念：叙述接受者 [J].Genre，1971（4）.

叙述者发出信号、进行信息传递时的叙述接受者，是同叙述者进行对话交流的人。最后，叙事者本质上不同于真实作者和暗含作者，他存在于叙事文之中，是作品中故事的解说者和讲述者，作者通过作品表达真实情感，其传递者是虚构的人物。

　　叙述由视角和叙述者共同构成。视角同"人"（叙述者、作者、叙述接受者、读者之间通过作品进行信息的传达交流）的关系对叙事文而言意义重大，现实生活中，作者借文本中叙述者的角度观察并讲述故事，对文本中的叙述接受者进行信息的输送传递，再拓展到现实生活中，读者通过阅读作品感知叙述者所讲的故事，并推导出其印象中的"作者"——可以视为暗含作者。就这一模式整体看来，作者通过处于某一特定状态下的创作，由现实生活转入虚构的文本，通过叙述者同叙述接受者间的信息传输进行故事的讲述，作者以作品为媒介向读者传递其真实情感和对认知的态度（图1-1-1）。

　　在叙事性设计中，设计叙述有了新的变化。首先是视角。传统叙事学中视角的承担者分为叙述者和故事中的人物两类，而在叙事性设计中视角则有这样三类：一是当时设计作者的视角；二是现在观者的视角；三是作品中人物的视角（不一定存在的），这个视角根据具体作品而有所区别。其次是声音的变化。在叙事性设计中，声音可以是作品的色彩、材质、肌理、形式等。设计作者通过作品颜色、材质、肌理、

图 1-1-1　叙事文结构图

叙 述 性 设 计 的 修 辞

形式表现传达出声音，与此同时这些方面被观者感知，加以自身的理解，从而"听到"作品发出的声音。简单来说，视角在叙事性设计中是设计作者和观者的观察角度，在设计叙述中占有极为重要的地位。

作为叙事性设计中的叙述者，作品承担着义不容辞的责任，是它构建、讲述了整个故事。观者作为叙述接受者，欣赏一件作品，便是从中聆听感悟"讲述"的故事。这也是区别于传统叙事学的一点。在正常的叙事文本中，叙述者是毋庸置疑存在的，而且通常不是沉默不语，他会将整个故事娓娓道来，让文中的受述者接受。可到了设计中，叙述者虽仍存在但不再主动"发声"，需要观者自己去慢慢体悟。这也正是叙事性设计的魅力所在，每位观者都感同身受，又不缺乏自己对作品独到的见解。

叙事时间上，叙事性设计也有着现时叙述、逆时叙述和非时叙述。一般的服务当下的作品，可以理解为现时叙述；追溯过去、引用经典或期冀未来概念性的作品，可理解为逆时叙述；对于拼贴不同时间元素的作品，则可理解为非时叙述。在设计作品中，我们无法衡量时间流动的跨度，叙述者和受述者的时空一直都在变化，以至于同样的作品在不同时空会解读出不同的时序。对于时限长短，是等述、概述、扩述、省略还是静述，就需要受述者去了解感知。在叙述频率上，设计作品相对就比较好作区分，例如运用反复、复叠等修辞手法的叙事性设计，可以认为是多次叙述发生一次的事件；运用回环、互文等修辞手法的，多次叙述发生多次的事件；而运用双关、象征等修辞手法的，则是一次性叙述发生多次的事件。

设计叙述与传统叙事学的叙述有着本质联系，但在上述方面又有各自差异化的特征。正是叙述方式的千变万化，才使得故事的讲述如此深入人心。设计叙述在叙事性设计中有着不可替代的重要地位，同样也散发着种种魅力。

## 1.1.2　故事

故事作为文学体裁的一种，按照时间和因果关系排列描述或记录事件的发展状态和过程。故事的发生离不开人的参与，和生产生活有着密切的关系。叙事学中的"故事"是一个抽象概念，不同于具体事件所存在或赋予的意义，而是脱离这些内涵而成为独立自主的一种存在。胡亚敏在《叙事学》一书中将故事定义为"叙述信息中独立出来的结构"。在叙事学中，故事作为一种独立出来的结构得到了叙事学界的认同。"故事的结构性质主要表现为三个方面。第一，故事是一个有机的整体，其内部各部分互相依存和制约，并在结构中显示其价值。第二，故事又是一个具有一定转换规律的稳定结构。故事正是通过这种自我调节的动态过程加强其稳定性，并由此构成区别于其他种类的基本性质。第三，故事独立于它所运用的媒介和技巧，也就是说，它可以从一种媒介移到另一种媒介，从一种语言翻译成另一种语言。"[1] 把故事视为结构这一研究方式不同于研究具体的故事和情节，而是将故事作为结构独立出来，研究其结构特点和组成部分，发现其蕴含的内在构架，抽象地表达出其故事想传递的深层次寓

【1】胡亚敏·叙事学 [M]. 武汉：华中师范大学出版社，2004.

意，从而体现其抽象性质。对故事的探讨正是对叙事文本的内容形式的分析，即对故事的形成因素和形成形态的一种解读，故事是指作品的所述对象，因此叙事文的故事结构可分为情节、环境。

情节在叙事学中地位非常重要。亚里士多德美学著作《诗学》指出："情节是对事件安排，这一定义包含了'人物'与'行动'两方面意思。"[1] 传统的情节观并未涉及故事的结构。胡亚敏在《叙事学》中指出："情节是事件的形式系列或语义系列，它是故事结构中的主干，人物、环境的支撑点。"所谓情节指的就是事件的安排。情节的构成因素主要有功能和序列。首先，功能是叙事文本结构中的重要组成部分，是故事中的叙事要素。功能又可分为两个层次：第一层为核心功能，是情节结构的组成部分，决定和引导着情节的发展方向，对文本中的叙事形式发挥主要作用；第二层为催化功能，对整体起辅助、修饰作用从而更好地推动核心功能的完善，发挥次要作用。其次是序列，它帮助功能更好地组成完整的叙事，注重序列内在的时间和逻辑关系。序列组合成功能后，为情节在一定的规律基础上形成组织原则，主要有承续原则和理念原则。承续原则就是按照时间、空间、因果连接式进行序列组合，而理念原则可简单理解为对组合为情节后的序列的补充和完善。在解读了情节的形成因素和组织原则后，也应当对情节类型进行一定的了解。情节类型可分为四类：线型、非线型、转换型、范畴型。线型是指按照一定的故事线轨迹发展；非线型则是相对于线性更为开放式的情节结构，呈现为紊乱、不固定或缺乏完整清晰的情节；转换型指情节由一

【1】亚里士多德.诗学 [M].罗念生译.北京：中国人民大学出版社，2000：21.

种情境变换到另一种情境的模式发生变更，可以是相同或者是相反的，情节在转换的过程中发生一定的变化；范畴型是指在叙事文本中，含有指代意义的文字或概念对某些范畴的情节进行规约。对情节的正确理解有助于读者总体把握叙事文本。

人物是叙事文本中故事的重要组成部分。在描述人物形象时，作者通常会根据具体的情境和主题，采用不同的手法进行人物的塑造。当前关于人物理论的讨论可分为三大类：特性论、行动论、符号论。关于特性论，查特曼在《故事与话语》中定义特性是"相对稳定持久的个人属性"[1]，人物是由特性构成的，具有相对持久的属性。特性论侧重人物的心理。行动论是形式主义和结构主义的观点，认为特性不是人物的本质，人物的本质应当是行动和参与。巴尔特曾指出："一方面，人物（不管人们怎么称呼：剧中人也好，行动者也好）是描述的一个必要部分，离开了这部分，作者讲的那些细枝末节的'行动'就无法理解，因此可以说，世界上没有一部叙事作品是没有'人物'的，或没有'行动主体'的。但另一方面，这些为数众多的'行动主体'既描述不了，也不能用具体的'人'来分类。"[2] 由此可以看出，行动论着重于人物是干什么的，忽视人物的特性，强调人物在叙事文本结构中的地位。符号论是后结构主义者提出的，它认为人物是符号集合。胡亚敏在《叙事学中》指出："人物是一种符号，人物是在语言世界中产生的，是由文本中用于表现和说明人物的一定数量的能指与体现人物意义和价值的所指结合而成的词句。"[3] 只有将人物符号化才能将虚构文本中的人物同现实生活中的人

【1】查特曼.故事与话语 [M].康奈尔大学出版社，1978：126.

【2】巴尔特.叙事作品结构分析导论 [M]//望泰来编译.叙事美学.重庆：重庆出版社，1987：82.

【3】胡亚敏.叙事学 [M].武汉：华中师范大学出版社，2004.

物进行区分，由此找出人物间的差异。符号论是将人物视为符号，强调人物的符号性。

除了情节和人物，故事自然也不能脱离环境，环境自身在故事进程中随着情节的变化、人物的行动而改变，不仅可以烘托氛围、塑造人物形象，在一定程度上还具有特殊意义。环境在叙事学的研究领域中向来不是主要的研究方向。环境可以理解为人们所在的周围地方与有关事物，一般分为自然环境与社会环境。胡亚敏在《叙事学》一书中指出叙事学中的环境指的是"构成人物活动的客体和关系"，在故事中是不可或缺的重要因素。"环境是一个时空综合体，它不像风景画或雕塑那样只展示二维或三维空间，而是随着情节的发展、人物的行动形成一个连续活动体，因此，环境的构成不仅包括空间因素，也包括时间因素。"[1]在叙事学中，环境的构成包括自然环境、社会环境，与之不同的是物质产品（指的是有人的参与并进行生产制作的活动诸如服装、建筑、器皿等）。自然环境和社会环境同物质产品三者彼此相互联系，互为包容关系。环境在叙事文本中的构成不同于其在叙事文本中的呈现方式，可以分为三类：支配与从属、清晰与模糊、静态与动态。第一类为支配式环境和从属式环境。支配式环境的故事中，环境所占比例超出人物和情节的描述，强调突出环境，弱化人物和情节；从属式环境则与之相反，在整个故事中占比较小，强调对情节和人物的描写而简述环境，环境仅起到烘托、营造氛围作用。第二类为清晰式环境和模糊式环境。清晰式环境指的是故事中对于环境的描述细致，给人以身临其境之感；模糊式环境指的是对于故事中的环境描

【1】胡亚敏.叙事学 [M].武汉：华中师范大学出版社，2004.

述含糊不清，给人一种难以辨识、不真切之感。第三类为静态环境和动态环境。静态环境指的是故事中某一特定的地点固定不变；动态环境则是地点有变化，又有不同的变换方式，一方面可以是故事中的环境地点的变化，或人物的位置挪动，另一方面更为抽象的解读是人身处某一环境，在环境不变的基础上人的思维转变，由此产生的联想景象也是一种动态的环境。

在叙事性设计中，由于多数设计作品时间流动跨度并不明显，因此对于设计故事的情节发展不多加讨论，可在具体设计案例中具体分析。故事中"人物"的概念则要进一步解释为"人"和"物"，因为在设计作品中，不光只有人，更多叙述的主角是物。了解物的特性和行为，还需回到物发出的"声音"——受述者通过作品的色彩、材质、肌理等素材，或就是直接的声音获得感知。

环境在设计故事中具有多种作用，形成气氛、增加意蕴、塑造人与物等。环境包含着时间因素和空间因素，可分为内外两种环境：不同时空的外环境影响着叙述者的表达和受述者的理解；而在内环境中，绘画、雕塑、产品通常是展示自身内在的二维或三维空间。在了解设计故事的过程中，我们不仅要看到作品的内环境，还要对外环境有充分的认识与把握。

在对"故事"总体的抽象研究中，叙事语法是系统地记录和说明故事普遍规则的符号和程序，它的提出旨在促进叙事文本研究从经验描述和解释向抽象理论过渡，发现普遍结构模式及其转换规则。叙事性设计语法有与设计故事结构相关的结构部分和逻辑部分，还有与叙述话语相连的叙述部分和表达部分。这套语法程序将展示叙事性设计生产过程，并用于对叙事性设计作品的分析。

### 1.1.3  阅读

前两节从叙述的视角、叙述者、接受者和故事中的情节、人物、环境等方面对叙事学进行了解读。叙事学的研究除了叙述和故事外，阅读也应当引起重视。从对叙事文本的表达形式和表达内容的了解再到对叙事文本意义的研究，叙事以叙述及故事为主体传递叙述者的意图，目的都是更好地传达信息，最终叙事文本交流过程交由读者来实现。叙事文本形式意义的体现在于读者对叙事文本的阅读。文学中对叙事文本意义的探讨有以下三种争论。一类是传统的文学研究认为叙事文本的意义存在于作者的意图中，重视作者的生平经验及其他，并以此来探寻作者意图从而作为文本的意义。第二类是认为意义存在于文本之中，不能完全忽视读者的作用。第三类是主张站在读者的角度看待和理解意义，主张文本的意义来自于读者在阅读过程中对文本的反应。综上，以阅读的视角来看待意义的来源，它不仅仅只存在于作者和文本之中，更重要的是不能忽视读者的重要性，意义来源于读者在阅读文本时所产生的一系列参与活动，这个交流的过程是相互的，是文本同读者间，以阅读的形式所形成的意义反馈。因此文本的意义离不开读者，更离不开阅读，作者以文本的形式传达意图而读者通过阅读文本接收作者的信息，在互动的过程中文本的真正意义得以显现。因此叙述文本既不能表述得过于直白单调，使读者感到无趣乏味，又不能刻意在文本的叙述表达上设置障碍让读者感到难以理解，故对于文本的叙述应把握好适度原则，为读者带来愉悦的阅读体验。

文本是作者传达信息的载体，载体输送信息，读者接受信息。读者作为阅读文本的主体，是叙事文研究的重要对象。但读者除了现实生活中阅读文本真实存在的读者外，还包含另一种"理想读者"的概念。"理想读者"这一概念是由卡勒在《结构主义诗学》中提出的。"理想读者"作为一个虚构的由作者创作过程中构想出的读者形象可增强叙事文本的真实性。理想读者的概念是一种假想建构，伊瑟尔对布思《小说修辞学》"暗含作者"这一概念做了新的定义："在这一概念中，存在着两个基本的、相互关联的方面：作为文本结构的读者角色，与作为结构化行为的读者角色"，[1] 理想读者是在作者构想的过程中文本预设的读者，是作者心目中能完全理解作品且理想化的一种阅读者；生活中的每个人有着各不相同的生活经历，很难达到作者对理想读者的预设，且不具有普遍性，故理想读者对作者而言是十分必要的。作者创作叙事文本来传达意图，最终是以真实读者为信息接收者而不是理想读者，故叙事文本中预设的理想读者虽在一定程度上接近真实读者但仍然不等同于现实生活中的真实读者。

设计阅读是观者对眼前作品的再建构，意味着在此过程中会加入观者自身的理解和情感，是一个开放的动态生产过程。设计作品的意义，其来源不仅仅是设计作者，也有设计作品本身和观者的主观感受。设计作品的意义是在设计阅读中实现的，没有观者的参与，设计作品的意义永远是封闭的；

【1】伊瑟尔著.阅读行为[M].金惠敏等译.长沙：湖南文艺出版社，1995：44.

另一方面，设计作品只对懂得如何阅读它的观者才有意义。

在传统叙事文阅读中，符号阅读是对文本语言作释义分析，它赋予读者对文本语言作充分阐释的权利，要求读者努力挖掘文本中语言的内涵。[1] 叙事文是一门关于语言的艺术，而语言是一种符号，是能指与所指的结合。每一个具体的事物都在语言学的环境下被相应的术语一一联系起来。在叙事性设计中同样有关于图形和样式的阅读，具象设计是设计师将事物真实的色彩、造型和气味等运用于作品之中，反之，一些超写实的设计作品甚至让人难辨真假。对此类的设计，我们可将其认为是能指的设计作品，因为无需设计师多言，观者便对作品一目了然。与之相对的是抽象设计，对应所指的设计作品。作者用抽象的表现形式进行设计，对于所指代的事物则可能需要设计作者进一步的解释或是观者自行揣摩感悟。因此在叙事性设计中，文字这一符号被图形和样式所取代，能指和所指被赋予了新的内涵（图 1-1-2），人与物之间的距离更近了，这里人既是设计师（作者），也是受众（读者），而物指设计作品（媒介）。

【1】胡亚敏.叙事学 [M].武汉：华中师范大学出版社，2004：221.

图 1-1-2　叙事交流图

## 1.2　何为修辞

### 1.2.1　修辞的由来

"修辞（rhetoric）"最早起源于古希腊和罗马，是一门语言艺术，主要是指说话者运用一定的技巧和方法来达到说服别人的目的，因此早期的修辞也被定义为"说服艺术"（art of persuasion）。汉语中最早的修辞一说出现在《易经》："修辞立其诚"，有修饰文辞之意，是动宾结构的词组。中国学者郑子瑜将"修辞"这一术语拆分开来理解，"修"这个词狭义上通常可以理解为"修饰"，广义上可以理解为调整、适用。"辞"这一概念可以理解为"成文"，即表示完成的言语作品。郑子瑜还提到："我们现在用'修辞'这个词所表示的洞悉，按照陈望道《修辞学发凡》提供的解释，大体可分为广狭两义，按构成该词的词素的狭义解释，这个词的狭义是修饰文辞，根据构成该词素的广义解释，这个词的意义是调整适用语辞。"[1] 中国修辞在借鉴西方修辞学的基础上，结合优秀的本民族传统文化，从而拓展了修辞学的研究领域。

什么是"修辞"？从概念上讲，有三重内涵：其一指运用语言的方式、方法或技巧规律，即理解为修辞手段；其二指语言表达或写作过程中积极调整组织语言的行为活动，即理解为修辞活动；其三指修辞学或修辞著作。三重内涵虽不相同却又密不可分，即修辞手段存在于修辞活动中，修辞手段和修辞活动都是修辞学的研究对象。前人对于修辞的定义有着不同理解。陈望道先生在《修辞学发凡》一书中说："修辞不过是调整语辞使达意传情能够适切的一种努力。"张弓在《现代汉语修辞学》中指出："修辞是为了有效地表达意旨，交流思想而适应现实语境，利用民族语言及各种因素以美化语言。"高名凯在《普通语言学》中提出修辞就是使我们能够最有效地运用语言，使语言有说服力的一种艺术或规范的

【1】郑子瑜.中国修辞学史稿 [M].上海：上海教育出版社，1984.

　　　　　叙 述 性 设 计 的 修 辞

科学。

修辞是以语言为本体的一门艺术，与一个民族的悠久历史文化传承有密切的关系，受文化传统影响，修辞忠于表达内容。汉语修辞是"有意识、有目的地挖掘语言文字的表情达意、增色造型等功能，或准确鲜明地表达主体的思想感情，或巧妙艺术地联结人际关系，或别有风味地创设文字情趣，或披肝沥血地表现自我意识的一种语言活动"[1]。修辞本身是一种对语言的具体运用，同时也是一种语言的表达艺术，修辞与语言相互作用，修辞也是语言的另一种传递媒介。

在对修辞概念有了一定的了解后，应当分清修辞活动、修辞、修辞学。"所谓修辞活动，也就是交际活动，就是运用语言表达思想感情的一种活动。"[2]简单来说，为了完成某一目的而对语言材料进行选择的过程，就是修辞活动。"修辞活动中的规律，即提高语言表达效果的规律，就是所说的修辞。"[3]"所谓修辞学，就是研究提高语言表达效果的规律的科学"，它是独立于语言学的一门学科。

在现代生活中，凡提到语言，就必然离不开修辞，修辞可以理解为语言的表达和呈现形式。修辞作为一门语言艺术引入生活之中，文学修辞格的运用丰富了事物的呈现方式和表达形式，增添了趣味性。修辞于生活是"随风潜入夜，润物细无声"的滋养，让人回味无穷。恰当地运用修辞，一方面有助于在增加事物表达效果的基础上丰富其内涵，增添趣味性，另一方面有助于人们正确地理解和认知事物的本质，在诙谐过后引发对生活无限的遐想和反思。可以这么说，修辞自诞生起便存在于人们社会生活的方方面面，且形成了密

【1】高长江.现代修辞学[M].长春:吉林大学出版社，1991：2.

【2】王希杰.汉语修辞学[M].北京:商务出版社，2014：5.

【3】王希杰.汉语修辞学[M].北京:商务出版社，2014：6.

不可分的关联，这便是修辞存在的最真实的意义。

## 1.2.2 修辞手法的限定

现已知的文学修辞手法有六十三大类七十八小类。常见的修辞可分为两类。一是结构上的辞格：对偶、倒装、设问、衬跌、列锦、省略、避复、复叠、反复、回环、互文、镶嵌、拈连等；二是内容上的辞格：比喻、比拟、通感、移情、移用、对比、跳脱、借代、象征、降用、夸张、双关、谐音、反讽、精警、摹绘、引用等。修辞手法在设计语言中的运用极为重要。以下对其文学定义进行简单罗列。

1. 对偶：在《汉语修辞格大辞典》中，关于对偶的定义为："使用两个字数相等、结构相同或相似的短语或句子表达相关或相反语意的一种修辞方式。"

而陈望道在《修辞学发凡》中从两个方面进行讨论：对偶这一格，从它的形式方面看来，原来也可说是一种句调上的反复，故也有人将它并入反复格；而从它的内容看来，又贵用相反的两件事物互相映衬，如刘勰所谓"反对为优，正对为劣"（《文心雕龙·丽辞》篇），故又有人将它并入映衬格。

2. 倒装：《汉语修辞格大辞典》将"倒装"这一修辞手法定义为："故意颠倒句子成分或分句的句序。"倒装的作用在于加强语势，突出重点，协调音节，错综句法。

3. 设问：《汉语修辞格大辞典》将"设问"修辞手法定义为："故作无疑之问，然后自己回答；或者故作疑问，自己不答，让对方或读者去思索体会。"

陈望道《修辞学发凡》又将设问分两类："①是为提醒下文而问的，称为'提问'，这种设问必定有答案在它的下文。②是为了激发本意而问的，称为'激问'，这种设问必定有答案在它的反面。"

4. 衬跌：《汉语修辞格大辞典》将"衬跌"定义为："先不说出正意，用其他话语作衬托，然后语意急速跌宕，说出正意，造成强烈的反差对比。"

衬跌是先用一些话语作衬托，造成一种语义惯性，然后出其不意地把语意转到毫不相关的其他方面去，形成意思上的转折，造成语意急转跌宕的一种修辞方式。衬跌类似相声中的"抖包袱"，突兀中产生幽默效果。

5. 列锦：《汉语修辞格大辞典》将"列锦（列景）"解释为："由几个名词或定名结构组合在一起，没有谓语，构成一种特殊句式，这种特殊句式经过读者语义的联想和补充形成一个画面，能起到写景、叙事、抒情的作用。"

6. 省略：《汉语修辞格大辞典》将"省略"解释为："在一定的语境条件下，依据不影响语意明确性的原则，省去可不说的词语或句子的一种修辞方式，又称节略。"

陈望道《修辞学发凡》把"省略"列为积极修辞中的丙类即"词语上的词格"，分为积极的省略和消极的省略两类。"积极的省略"指省句，即省去句子不说或不写，包括两种情况：完全省去句子和省去句子后用代词或含代词的谓词性短语（如"这样""亦然"）等略说或略写。"消极的省略"指省词，即省去句中的部分词语。

7. 避复：《汉语修辞格大辞典》将"避复"定义为：指

为了避免上下文字面的重复而有意换同义、近义的词或短语。

8. 复叠：《汉语修辞格大辞典》对"复叠"的解释为："间隔或者连续重复使用形式相同而意义不同的词语的一种修辞方式。也就是连续重复使用多义字、多义词，包括具有两种以上语法性质、意义和用法的字、词。"

陈望道《修辞学发凡》把复叠列为积极修辞的丙类"词语上的辞格"，给出的定义是：复叠是把同一的字接二连三地用在一起的辞格。

9. 反复：《汉语修辞格大辞典》将"反复"修辞手法定义为："为突出某个思想、强调某种感情或增强语言节奏感而有意重复使用同一词语、句子或句群的一种修辞方式。又称重复、复叠。"

陈望道《修辞学发凡》把"反复"列为积极修辞的丁类，即"章句上的辞格"，给出的定义是："用同一的语句，一再表现强烈的情思的，名叫反复辞。"

10. 回环：《汉语修辞格大辞典》将"回环"修辞解释为："词语相同或相似，而排列次序不同的词组或句子紧紧相连，前者的尾是后者的首，后者的尾又是前者的首，有循环往复之趣。"运用回环，不仅能揭示事物间相互依存、相互制约或相互对立的辩证关系，而且使语言有节律感，增强感染力。

11. 互文：《汉语修辞格大辞典》将"互文"修辞手法定义为："在两个或两个以上结构相同或相似的短语或句子中，前一个短语或句子里隐含着后一个短语或句子中出现的词语，后一个短语或句子里隐含着前一个短语或句子中出现的词语，形式上前后交错成文、相互渗透，意义上前后互相叠加、彼此补充的一种修辞方式。"

12．镶嵌：《汉语修辞格大辞典》将"镶嵌"解释为："把词语拆开镶进别的字；或有规则地嵌入特定词句，暗含另一层意思；或把词语拆开交错搭配。"即故意在词语中插入其他字词而构成一个新的词语，或将两个双音节词语的四个字交错排在一起，或者把有关联的字词分别用在不同的句子中，从而产生特定的修辞效果的一种修辞方式。又称镶字、嵌字、增字、衬字。

13．拈连：《汉语修辞格大辞典》将"拈连"解释为："两事物连在一起叙述时，把本来只适用于前一事物的词语拈来用到紧承叙述的另一事物上。"

14．比喻：《汉语修辞格大辞典》将"比喻"解释为："通过两类不同事物的相似点，用乙事物来比甲事物。即用乙事物来揭示与其本质不同而又有相似之处的甲事物。"比喻是借两类事物之间的相似点，用本质不同的彼事物来描绘说明此事物，以此说明此物，遂达到形象深刻的表达效果的一种修辞方式，也就是常说的打比方。比喻是由本体和喻体构成的，可以理解为：比喻是在事物与事物间有相似点的时候，把一个事物比作另一个事物，通过比喻的手法以简洁明了的方式解读难以理解的抽象事物。

15．比拟：李维琦老师在《修辞学》一书中指出："把物拟成人；把人拟成物，或将一物拟成他物，是拟物；合起来叫作比拟。"比拟是基于丰富的想象，为了更好地表达事物，将人或者物的本质进行转移，帮助理解，运用身边已知的经验再现，使人感到亲切，增强文章感染力。将人或物进行拟人化的表达，带有强烈的感情色彩，具有思想上的跳跃性，可以将事物更加生动鲜明地展现在读者面前，一方面让人备感亲切，另一方面也能给人带来强烈的视觉冲击。在设计语言中不管是运用拟人还是拟物的修辞手法，其设计出的产品或显性或隐性地带着拟人化或拟物化的特征。

16. 通感：《汉语修辞格大辞典》将"通感"解释为："用形象的词语，把一种感官的感觉转移到另一种感官上。"换言之，即用描写甲类感官感觉的词语去描写乙类感官的感觉。这种把听觉、视觉、嗅觉、味觉、触觉沟通起来的方法又称移觉。

17. 移情：《汉语修辞格大辞典》将"移情"解释为："移主观情感于客观外物，使客观外物具有和人的思想感情相一致的，但实际上并不存在的特性。"

18. 移用：《汉语修辞格大辞典》指出"移用"的定义："把本来适合描写甲事物性状的词语移来描写乙事物性状的一种修辞方式。又称移用、移状、迁德。特点是将描写人的感情、感受如寂寞、忧郁等甲事物性状的词语，用来描写乙事物，形成一种超常组合。"

陈望道在《修辞学发凡》中对"移就"的描述如下："遇有甲乙两个印象连在一起时，作者就把原属甲印象的性状形容词移属于乙印象的，名叫移就辞。"

19. 对比：《汉语修辞格大辞典》将"对比"修辞手法解释为："把两种对立的事物或者同一事物的两个不同方面放在一起，相互比较。"恰当地运用对比修辞手法，有助于突显事物的矛盾，分清主次，增强文章的感染力。

20．跳脱：《汉语修辞格大辞典》将"跳脱"的修辞手法定义为："表达中话没说完就被中断了，或就此打住，或转而言他，造成语意不畅的一种修辞方式。又称断续。"

陈望道在《修辞学发凡》对跳脱的描述进行了补充："跳脱在形式上一定是残缺不全或者间断不接，这在语言上本是一种变态。但若能够用得真合实情实境，却是不完整而有完整以上的情韵，不连接而有连接以上的效力。"

21．借代：《汉语修辞格大辞典》将"借代"解释为："不直接说出要说的人或事物的本来名称，而借用和该人或该事物密切相关的人或事物的名称去代替。"人或事物的本来名称叫"本称"或"本体"；借用来代替本称的人或事物的名称叫"代称"或"代体"。借代的作用是凸显描述对象的特征，引发读者联想，使其获得鲜明深刻的印象。

22．象征：《汉语修辞格大辞典》将"象征"的修辞手法定义为："通过特定的具体事物或形象来代表抽象的精神、品质、思想、性格等深远意义的一种修辞方式。"

23．降用：《汉语修辞格大辞典》对"降用"的解释为："临时把一些词语降级使用，即大词小用、重词轻用的一种修辞方式。"降用修辞方式的特点在于被降用的词语在语义上已区别于本义，简单的说就是词语的降级使用。

24．夸张：《汉语修辞格大辞典》将"夸张"的修辞手法定义为："故意夸大或缩小所表达对象的某些方面以强调或突出该对象的一种修辞方式。"

25．双关：《汉语修辞格大辞典》对于"双关"的定义为："在一定的语言环境中，利用语音、语义等手段，使同一个语言形式同时具备双重意义的一种修辞方式。"

　　陈望道在《修辞学发凡》中对双关的概括更为简练："双关是用了一个词语同时关顾着两种不同事物的修辞方式。"

　　26. 谐音：《汉语修辞格大辞典》对"谐音"的定义为："利用词语的同音或近音关系引发人们联想或想象的一种修辞方式。"

　　27. 反讽：汪树福在《浅谈"反讽"的修辞方法》中，将"反讽"修辞手法解释为："利用想象的违反常理的情况，达到讽刺或批评的目的的一种修辞方式。"[1]。反讽是对说话者本人意愿的间接的、隐晦的表达，常含有否定或讽刺等意味，带有强烈的个人感情色彩，在表达上相较于直白的表述具有更大的话语冲击力，发人深省。

　　28. 精警：《汉语修辞格大辞典》将"精警（警策）"解释为："用简练而新奇的语言，表达确切而深刻的含义。"

　　陈望道在《修辞学发凡》中指出："语简言奇而含义精确动人，形式简练却能使文章气势振奋，这样的警策词，也称警句或精警，又称警策。警策修辞最初谓以鞭策马，引申为督教而使人儆戒振奋。"

　　29. 摹绘：《汉语修辞格大辞典》指出"摹绘"是："采用语言形式把事物的外在形貌特征（包括声音、形状、色彩、气味等）生动地形容出来的一种修辞方式。"

　　陈望道在《修辞学发凡》中对摹绘进行了精炼的描述："摹状是摹写对于事物情状的感觉的辞格。"

　　30. 引用：又称引语、引话。《汉语修辞格大辞典》将"引用"修辞手法定义为："创造性地引用现成语，如警句、诗

【1】汪树福·浅谈"反讽"的修辞方法 [J]. 修辞学习，1990(3).

词、成语、熟语等，以印证、补充、对照作者的本意。"引用的作用因作者的意图和文体的不同而不同，或精辟中肯，或简洁凝练，或风趣幽默，或生动形象，总之，能增强文章或说话的说服力和感染力。[1]

### 1.2.3　修辞在设计发展中的必然性

随着社会经济的不断发展和文化消费水平的升级，市场上简洁直白的多样产品在视觉上不免会造成审美疲劳，人们已经不再满足于单一产品所带来的功能性需求，而是希望获得更为丰富的情感体验和满足。

【1】本节中修辞手法的定义均引自谭学纯等主编：《汉语修辞格大辞典》，上海辞书出版社，2010年版 陈望道《修辞学发凡》，上海教育出版社，1997年版。

首先，将文学修辞应用于设计（艺术）中不仅符合社会经济、文化的发展需要，还可适应新时期市场消费的发展。设计的修辞不仅是为了提升产品对消费者的说服力，还避免了千篇一律所带来的乏味，由此增加感染力和趣味性。恰当地运用修辞手法对于企业来说，就是通过一定的手段和技巧刺激消费和建立起良好的品牌形象，有着非比寻常的意义。把修辞手法同设计相结合，凭借新颖、独到的创意修饰，不断丰富和提高设计的文化意蕴，可让人们在接触产品的同时获得更为细腻的精神感受。

其次，将文学修辞运用在设计中符合人们的视觉审美需求。设计领域的修辞就是通过一定的技巧和方法，在用户和产品（或作品和观赏者）之间构建共鸣。修辞通过对客观事物的修饰，以富有创意的表现形式启发想象，更好地呈现事物的本质美，从而提升产品的艺术美感和精神文化价值。设计借助修辞增强表达效果，从视觉上激发人的兴趣，满足多样化情感需求，更有助于用户对所传递信息的准确理解和认知。

最后，将文学修辞运用在设计中符合人们的心理需求。设计中的产品不能局限于功能需求，越来越多的人渴望从中获得情感上的满足。产品作为媒介连接设计者与用户，是二者沟通的桥梁和载体，其外在形态、色彩、材质作为产品的叙述语言可带给用户最直观的感受和触动。把文学修辞运用在设计中，在满足人们使用需求的基础上还可兼顾用户的情感体验，人们使用产品时面对的不再是冰冷、直白的操作模式而是更富人性化的感受和更为细腻的心理感知体验。

## 1.2.4  当叙事遇上修辞

"叙事是一种交流手段、知识形式和认识模式，是自我与世界、自我与他人之间的中介，是为了人类离散的经验创造秩序和意义的一种方式。"[1] 叙事是一种交流手段也是一种交流方式，叙述者以媒介的形式传达出某一信息后，接收者准确接收到这一信息，完成这一过程则为完成叙事。而叙事交流中的叙述者、媒介、信息接收者的呈现方式由早先的语言、文字发展到其他非语言形式的之中，如电影、雕塑、绘画和建筑等艺术载体，这些都可以作为传达信息的载体，通过诸多媒介更好地完成叙事。

修辞的运用是为了更好地表达思想和情感。传统上的修辞学分为两类：一类是指对比喻或修辞格的研究，另一类则是指对强调语篇说服力的研究。西方修辞学是在亚里士多德的基础上发展起来，是一种修辞术，更是一种

【1】张新军.叙事学的跨学科线路 [J].江西社会科学，2008(10):38.

说话的技巧。而陈望道《修辞学发凡》的出版则标志着现代中国修辞学的诞生。以小说修辞学为例来研究修辞学则修辞学所探讨的是作品的修辞目的与修辞效果，因此注重作者、叙述者、人物与读者之间的修辞交流关系。值得引起注意的是文学修辞手法同修辞学概念不同。文学修辞手法只是通过某一种修辞格的表达技巧达到烘托主体、增强表达效果的目的。修辞学中所涉及的更多的是对修辞对象的研究，以小说修辞学为例，其探讨的是修辞学四个基本要素：修辞者、听众、话语（修辞手段／技巧）、情景。修辞学是研究修辞应用的一门科学。叙事同修辞的关系被叙事包含在修辞内，是狭义上的修辞。但是叙事学中的叙事交流模式也同样涉及作者、隐含作者、叙述者、受述者、隐含读者、真实读者六个元素间的关系，而修辞则是通过一定的修辞手段和技巧达到为内容服务的目的，增添作品的表达效果和感染力，从而引起人的共鸣和思考。

叙事直白地说就是讲故事，叙事的三要素是叙事者、媒介、接收者。叙事媒介不局限于语言文字。在叙事的前提基础上，叙事媒介和接收者间存在信息的传达，因此修辞通过设计者（或设计叙事者）进行叙事性设计，借助修辞加深人对信息的感知与理解程度，设计也就成为叙事载体而被赋予叙事性的价值。叙事同修辞是叙事者以修辞作为设计叙事表达方式，辅助人与设计更好地进行信息交流，向接收者传递设计精神，满足其生理和心理上双重情感体验需求。修辞手法进入设计叙事之后，由于受众个人知识体系和叙事媒介的不同，对事物的解读自然存在着差异性，进而对设计作品产生不同的自我诠释和理解。

　　这里所说的叙事同修辞指的是在叙事性的基础上将修辞作为设计意义的一种表达方式，通过设计的叙事来达成人与"物"、人与"环境"等的信息交流，从而激发人的感受和想象，增加内容价值从而获得属于自身的情感体验和领悟。叙事同修辞的关系是你中有我，我中有你，互为补充，互为完善，故此主要讨论的是修辞的手法同叙事性设计的关系。

# 第 2 章

叙事之于设计

## 2.1 设计

关于设计并没有一个标准的定义，就像一千个观众眼中有一千个哈姆雷特，不同的人会因其知识教育和社会认知水平的不同而给出不同的判断。平面设计大师原研哉说："设计基本上没有自我表现的动机，其落脚点更侧重于社会。"强调解决问题是设计的本质，设计不是为了自我表达且取悦自己的艺术创作，更多的是为大众服务，也是在设计过程中解决人们所面临的问题，引起关于人类命运共同体的思考，由此引发情感共鸣。工业设计师迪特·拉姆斯（Dieter Rams）说："少，却更好（Less, but better）。"但是少并不是忽视细节，而是做到细节精致、操作便利、形态极简。可见对于概念的理解具有宽泛性、主观性，而设计就是"设"身处地为用户需求思考，"计"为通过设计语言的形式表达思考。

设计是什么？尹定邦在《设计学概论》中提出："设计就是设想、运筹、计划与预算，它是人类为实现某种特定的目的而进行的创造性活动。"为什么我们要设计？一方面，因为生活中出现了一些问题需要解决，与之相对应的是问题的解决办法，而设计便是寻求人与物之间最好的解决办法的工具。诸如在日常生活中发现的各种不便利，尝试去改进，又或是机器解决人为的重复操作，又或者是对某一商品的视觉信息传达……这都是问题出现后人们用心去解决的设计过程。另一方面，狭义上的设计即商业设计，随着资本主义的诞生出现，设计为商品和资本的流动带来了更多的附加值，商品开始不仅仅局限于功能性上的好用，更在视觉上具有了艺术价值和审美情趣，设计成为一种艺术品位和个人价值的体现。商业设计成功的秘诀在于抓住了人性的弱点，并将此付诸商品中，吸引更多的人来消费。

设计始终是为人服务的。设计要研究人与物的关系。设计在一定意义上是研究客观事物存在的规律，探求新的设计灵感和方案，借设计的形式表达其内涵。坚持以人为本的设计理念，更好地关注人、了解人才能设计出令人满意的作品。设计是一种手段，更是一种工具，设计的目的是以设计语言的形式解决人的问题。设计是从生活中发现新的问题并进行思考。设计师关注生活中的设计，一方面，在生活中，技术的进步为设计带来更多新的创造的可能；另一方面，对已知物的陌生化，同样蕴含着无限可能。设计的五个步骤：发现问题、调查与研究、提出构想、践行构想、再次迭代，这就是设计解决问题的过程。设计是从物质生存需求到精神层面的不断追求。对设计师来说，他们的设计是表达内心，通过某种设计语言的形式向我们叙述一个故事或者传递一种思想，又或者表明一个意图，最终体现设计思想，这样便是成功的。

生活中设计无处不在，可以是一句简单的广告文案，可以是满足人的好奇心或解决一个问题的产品。可以看到如下例子。如图 2-1-1 所示农夫山泉广告词："农夫山泉，有点甜"，寥寥数字却向用户传递了很大的信息量，一方面简短的七个字突出品牌主体"农夫山泉"，让人听到这个名字便产生联想，给人以自然、放心的心理暗示，成功地做到了品牌同产品的巧妙结合；另一方面"有点甜"正符合了山泉水的特

图 2-1-1　农夫山泉广告词

点，在对于水的口感描述上突出了水质好、健康等，引发人的心理暗示从而激发感官上的味觉体验。广告词简洁明了且突出主题，其广告影响力相较于繁复的广告词更具有四两拨千斤的妙处。农夫山泉广告词突出了设计的目的是在有限的空间里传达更多信息。图 2-1-2 中，菲利普·斯塔克（Philippe Starck）设计的这款名为"Juicy Salif"的榨汁机，造型为三支

图 2-1-2 菲利普·斯塔克 Juicy Salif 榨汁机

尖锐的长脚上有一颗很大的螺旋式头，猛地看过去分不清有何用途，好似一个大蜘蛛，又好似一个奇趣的外星人，这正是满足了人们好奇心的设计。一方面，这款造型简洁的榨汁工具在使用过程中将切开的橙子放在顶上拧压，橙汁顺着顶部的螺旋槽流入杯中，为使用过程增添了一丝幽默；另一方面，从功能上看，这款榨汁机是不实用的，因为使用过程中会造成汁水四溅，而且使用也过于费力，不过其搞怪式的有机形态带给人视觉和心理上的双重满足，这种产品体验高于其原本的功用性价值。斯塔克说："有时候你必须选择设计的目的——这玩意可不是为了柠檬汁——它是为了启动谈话而设计的。"所以当你初次面对它时并不会意识到它是做什么用的，简洁、奇特的外形，猜想是装饰品也不为过，它也恰恰由此引起人们的兴趣，成为谈资。图 2-1-3 是扎克伯格为妻子设计的睡眠闹钟"Sleep Box"，与其说是闹钟不如说是

图 2-1-3　扎克伯格
Sleep Box

睡眠提醒灯，因为它主要是为缓解时间焦虑而设计的。因为妻子每天要早起照顾孩子，而闹钟铃声响起总是会给人一种无形的心理压迫和焦虑感，导致看顾孩子后难以再次安稳入睡，影响人一天的心情。正是基于此，扎克伯格设计了这款无声睡眠灯，其外观看起来像是一个木盒子，在特定的时间，睡眠灯逐渐亮起，对妻子加以提醒；睡眠灯并不显示时间，因而不会在心理上给人以时间焦虑，可以让人安心地再次入睡。设计针对缓解焦虑这一痛点，满足了用户需求，解决了问题。

## 2.2 设计 × 叙事

设计是什么？设计是人们对事物有了新的诉求，设计师为满足这一诉求而制订的一种解决方案。可以从关于服装的变化中窥探一二。服装是一定历史时期，人们根据生活需要创造出来的。人类同所有动物的区别在于我们会有意识地遮蔽躯体。一开始服装因遮羞保暖需求而存在，而后服装的造型、色彩、材质等有了地位等级性区分，再后来服装被人类赋予了更多的文化、符号意义。像人渴了需要喝水，就出现了各种形态的盛水容器，而想喝热水便有了可以加热的热水壶，再进一步，对应热水存放且长时间保温的问题就出现了保温壶，喝水方式的不断变化发展，衍生出相应的盛水容器设计。现在新技术的发展促进恒温保温杯的设计：热水倒进杯子里，摇晃几次再打开时便是适宜饮用的温度。再如最初古人站得久了累了想要稍作休息，开始出现"席地而坐"，到后来更加舒适的坐具出现，再到现在造型各异的椅子，休息方式不断变化，越来越人性化的设计，在解决问题的过程中达成了最终目标。不同的需求有着不同的解决方案，满足着不同人的不同需求。社会经济生活的不断进步与发展，一方面促进人均生活水平的提高，让人们开始追求更为深层次的精神需求，另一方面科技的进步为设计的多样化提供了更多的可能性。人有了需求，设计也就开始了。

好的设计是什么？原博朗设计总监迪特·拉姆斯倡导在细节之下的极简，即"少，却更好"（less, but better），认为好设计必须具备以下特点：①好的设计是创新的：新技术的发展为创新提供了更多的可能性；②好的设计是有用的：产品始终服务于人，注重功用性的基础上也应当兼顾产品其他方面带给用户的影响；③好的设计是美观的：美观是有用性的重要组成部分，产品的美观也影响着人们日常使用的生活感受和幸福感；④好的设计是易于理解的：无需过多的解释，产品可以自明，可以自己说话；⑤好的设计是谨慎克制的：产品不局限于形式美，而应当履行好功能属性并保持产品自身的特性；⑥好的设计是诚实的：忠于产品实用性，不过度夸张产品的价值和功能，且不能欺瞒消费者；⑦好的设计是持久的：不同于快销时尚设计，好的设计是经得起时间考验的，在未来社会发展中经久不衰的；⑧好的设计是注重细节的：设计过程应当是严谨的、准确的，任何细节的随意和马虎都是对消费者的不尊重和不负责；⑨好的设计是环保的：产品的生产必须为保护环境做贡献，节约资源、降低能耗、减少污染；⑩好的设计是尽可能少的设计：设计提倡极简，去除冗余装饰，更加纯粹。少，却更好（图2-2-1），但不论是怎样的好设计，都在叙述一个美好的故事。关于什么是好的设计，答案可能还会有很多。

为什么设计要讲故事？设计是为了解决问题，满足人的不同需求；叙事可以简单地理解为"讲故事"，是人类特有的传递信息的表达方式。通过讲故事可以更好地加深人的理解，让设计易于接受，同时激发人的兴趣，引起情感上的共鸣。作为叙事性设计的一种，设计师以讲故事的方式来阐释问题的解决方案，故事此时是一种描述行为的工具。通过讲故事这一交流工具拉近设计师同用户间的距离，加深用户对产品

图 2-2-1　迪特·拉姆斯设计十原则及代表作品

的理解。设计叙事，首先要有明确的主题，其次要有叙事的媒介，最后则是对设计叙事中情节的设置，三者缺一不可。正是由于每个人的生活环境和接受教育程度、知识水平等方面的不同，个体存在差异，这些差异性的背景也潜移默化地影响着人们对生活和事物的认知。人的心理感知也因个体的差异而产生了对事物不同程度的敏锐度，关于事物的变化发展也就有了叙事性的感知和解读，叙事性在悄然无声中衍生。简单地说，叙事性设计就是用设计来讲故事，设计师不仅在满足人的设计需求，还通过设计作品进行信息传达。

　　叙事性设计也可以理解为用设计讲故事。在设计中恰当地运用叙事性，一方面有助于加深人们对设计作品的理解和认识，另一方面，叙事性的融入有助于设计意图的表达，丰富其内涵，以期同用户产生情感上的共鸣。设计和故事都包含了人的参与，也就有了交流的出现，叙事性更多的是在设计中关于情感化因素的艺术解析。叙事性同设计的结合体现在各个方面，下面从绘画叙事、产品叙事、建筑景观叙事三个方面进行叙述。

中国传世名作《韩熙载夜宴图》体现了传统的绘画叙事，这是一幅由南唐画院待诏顾闳中创作，描绘官员韩熙载在家中设下宴席载歌行乐场面的画作，刻画的是一次完整的韩府夜宴，其中包括五个场景，分别为琵琶演奏、观舞、宴间休息、清吹、欢送宾客。

第一个场景：听乐。从画面中可以看到一共有 12 个人物，全场的视线都聚焦在左侧梳着高高发髻、着浅绿上衣的乐伎手上，乐伎神情专注地演奏着乐曲，大家都沉浸在着悠扬的乐曲之中。其中主人公韩熙载坐在右边床上，他头戴高纱帽，蓄着连鬓长须，着深灰色袍子，手自然下垂，不知为何，面露愁容。身着红色圆领袍子的为南唐状元郎粲，显然已被美妙的旋律吸引，身体倾斜。从在场宾客面部表情和集体动作来看，曲子应该演奏到了绝妙之时，此时好似感受到了正在演奏中的、节奏紧迫的琵琶声所营造的晚宴氛围。一大一小两张桌案，摆放着酒樽果品。从弹奏琵琶者的手上不断传出美妙的音符，这些音符也环绕着在场所有的宾客，勾摄着他们心中更深层次的情感（图 2-2-2）。

图 2-2-2 《韩熙载夜宴图》局部——琵琶演奏

第二个场景：观舞。画面中，也是第一幕里出现过的蓝衣女子正随着鼓声有节奏地翩翩起舞。大家望向她，她正在跳当时一种名为六幺舞又叫绿腰舞的舞蹈，舞姿轻盈，表情含蓄娇媚。主人韩熙载此时已褪去外袍起身，着浅黄色长衫，挽起袖子，为舞蹈击鼓伴奏。此时，晚宴活动正酣，宾客们无不乐在其中。一个僧人好似误入其中，在这声色交杂的环境里尴尬地背对站立，双手合十，备感不适（图2-2-3）。

图 2-2-3 《韩熙载夜宴图》局部——观舞

第三个场景：休息。经过刚才的听曲、击鼓，疲惫的韩熙载已经套上了外袍坐在床上休息，方才的舞者正端着水盆侍候他洗手。另一组侍女在准备着箫、笛和琵琶，画中的火烛已经燃烧过半，预示着晚宴时间也已经过半（图2-2-4）。

第四个场景：清吹。描绘的是女伎们吹奏的情景，休息片刻，演奏又开始了，韩熙载脱掉长袍，着便服，盘膝坐在

图 2-2-4 《韩熙载夜宴图》局部——宴间休息

椅子上，右手持扇子，好像正与侍女交谈。五名乐伎排成一列，神情专注地演奏，十分生动，轻松欢快的旋律跃然而出。画面最左边为一对男女，男子回首同屏风后的女子不知在私语着什么，很自然地把观者的目光衔接进下一个画面（图2-2-5）。

图2-2-5 《韩熙载夜宴图》局部——清吹

第五个场景：送别。曲终人散，宴会结束，韩熙载重整衣冠送别宾客，只见他右手拿着鼓吹，左手举起像是示意宾客留下，也有的宾客不愿离去同歌姬嬉笑……（图2-2-6）

图2-2-6 《韩熙载夜宴图》局部——欢送宾客

纵观全篇，这是一幅完整的人物绘画叙事，画家在画面上描绘一个事件的全部发展过程。《韩熙载夜宴图》是一幅连环故事画，以绘画的形式再现了韩熙载夜宴宾客的全部过程，每一段以家具、屏风自然巧妙地分隔衔接，同时又让每段画面联系起来。在这样一幅描绘乐至极致的图画中，交织的是韩熙载对生活的绝望以至徘徊、挣扎与对生活的自我执着。绘画作品的连续性是叙事性的重要组成部分，恰当地运用连续性才能更好地表达叙事。

　　图 2-2-7 是张剑代表性的设计作品燃香阻燃器，为祈福的芽，就是产品叙事中较好的作品。在中国传统文化中，燃香祈福不仅可以净化空气、陶冶情操，更多的是人们对过往祖先的悼念和对未来生活的美好祈福。然而在日常生活中，香的利用率并不高，只在一些特定场合才使用，其使用受到限制，因此在燃烧的过程中，可能在中途需要掐断，但掐断这个动作在一定程度上给人以联想，"祈福"的福被掐断给人心理上带来不良的复杂感受。这款燃香阻隔器的出现刚好解决了这一问题。燃香阻隔器器形为左右两瓣金属材质的"小芽"，且底部有磁铁做的同香粗细相同的圆形孔将"芽"吸牢，故像雨后新生的嫩芽一样具有良好寓意。在使用过程中，燃香时有目的地选择需要燃烧的长度，避免浪费，将两瓣芽移动到指定位置上，当燃烧的香碰到芽底部设置的圆形孔时，燃香遇到金属会自然熄灭，这样起到了阻隔的作用。香熄灭后同芽状阻隔器共同描绘出一幅充满生机与希望的画面，如

图 2-2-7　祈福的芽

　　　　叙 述 性 设 计 的 修 辞　　──────

需继续燃香，将阻燃器取下即可，故每一次的使用都是一次唤醒新生。金属阻燃器依照芽的生长状态又有三种造型可供使用选择，同香柱间相互搭配组合，讲述"芽"的不同故事，可以是含苞待放时的羞涩，也可以是盛开前的紧张开合，更可以是昂首挺胸自信的完美绽放。设计者不局限于视觉上的表现，而将文化寓意等纳入设计之中，丰富了设计的文化内涵和价值。张剑认为，所谓叙事性设计，表达的是借助文学范畴的理论，将"叙事"当作一种方法来进行设计和创造，通过设计语言符号的构成形态来叙述"故事"，某些情况下甚至将一些无意识的习惯行为赋予产品设计，从而达到表达情感或创造文化体验的设计目的。可以说，叙事性设计是在文学理论的基础上通过文字语言转换，以设计语言的构成形态来叙述产品的故事，具体表现在以产品为载体的基础上，在适当的语境前提下增加其叙事性，只有这样才能更好地实现信息传递的目的。产品的叙事，一方面是设计者通过设计作品向用户传递信息，以表达其真实意图和情感，更好地满足用户需求；另一方面，通过作品形式增强故事性，吸引用户注意力，拓展其思维联想。设计作品连接用户同设计者，从而更好地引起用户的情感共鸣。

建筑景观叙事中建筑景观与所述故事相辅相成。建筑景观可以对应着故事中的场景，场景的不断变化表明了事件的发展与进程，而故事在社会的不断变迁中也赋予了景观一定的文化价值和历史价值。《景观叙事》一书中提及讲故事的景观，指出其是"被设计出的地方要讲述独特的故事，其情节、景物、事件、人物等均带有明显的参照物。故事可能是现有文学或文化叙事，也可能由设计者创作"。叙事是一个讲述故事、传递信息的过程，作者的信息输出和读者的信息接受，是双向的，不是单向的，作者向读者的输出同时也是读者向作者的信息反馈。建筑景观叙事也亦如此，在偌大的空间之中，设计者无法对观者进行限定，建筑景观的意义除了体现在设计的表现形式上，也内涵于观者对景观意义的自我解读。建筑景观中有故事，观者带着疑惑在欣赏的过程中找寻这些故事，每一次观赏就好像是一次难得的探秘之旅。林璎设计的越战纪念馆就是一个成功的景观叙事案例。美国越战纪念碑，又称越南战争纪念碑、越战将士纪念碑等，坐落在距离林肯纪念堂几百米处的宪法公园的小树林里。该纪念碑采用黑色花岗石砌成的 V 字形碑体，纪念碑向两个延伸方向，一边指向林肯纪念堂，一边指向华盛顿纪念碑，从高空望去犹如大地上撕裂出的难以愈合的伤口（图 2-2-8），林璎形容那是"刀在地面上切开口子，痛是很快消失的，但伤疤却留在了人们的记忆深处"。首先碑体的设计依照着牺牲人员的时间顺序从东面墙上开始排列，然后再从西面墙的锐角处开始排列，最后就又回到了东面墙墙边，这一排列顺序也寓意着战争过程的开始到结束。其次整个碑体采用的是沉降式的构建模式，当人们沿着斜坡式的通道进入时，也渐渐地走入地下。黑色的黄冈石打磨得同镜面一样，在碑身找寻亲人名字的过程中映射出的身影，好似生与死在这一刻交汇，死者所经历的观众可以感同身受。最后，当走出纪念碑慢慢回到地面上来时，又回到了阳光照射的地方，好似完成了与地下亲人的一次短暂会面后再次回到了人间。越战纪念碑的落成

图 2-2-8 越南战争纪念碑

就像大地皮肤上的疤痕，那么触目惊心，也让人难以忘记，同时也时刻提醒着人们应该保护和平，反对战争。建筑景观叙事是设计者运用一定的设计方法，使得景观主动地、自然而然地在观者游览过程中，与人产生事件和情感的交流。建筑景观叙事是把建筑景观设计作品的形式作为联结人与物的交流纽带。

我们可以把叙事文学理解为作者在二维纸片的世界中为读者构想出了一个三维世界，通过细腻的文字给读者叙述事件的来龙去脉，其中多数故事的时间流动及跨度被完整地记录，读者在阅读过程中仿佛亲临其中。叙事性设计则存在二维与三维世界，表现出与传统叙事文学之间的差异。

传统叙事学中，一切故事的发生都围绕人或拟人化的物展开，可以说人物的存在是叙事发生的必要前提。到了叙事性设计作品中，人物被分为了"人"与"物"，但不是所有设计作品中都会出现"人"的身影，"物"作为叙事的主角同样占有相当大的比重。因此在视角、叙述者、受述者等概念上便引申出了新的内容。

正是由于传统叙事文学是被文字记录在纸张上的，这与绘画及平面设计等有着异曲同工之妙。二者都存在于二维的世界，但在作者（设计者）与读者（观者）脑中则构想出一个富有情感的三维世界。举例来说，在编年史和自传体这类叙事文中，叙述者是真实作者可靠的代言人，在与之对应的自画像中，叙述者同样是真实设计作者形象的化身。

在某些虚构的叙事作品中，叙述者身上也有真实作者的身影。鲁迅有不少小说都是以第一人称写的，《故乡》以"我"回故乡的活动为线索，依据"我"的所见所闻所忆所感，描写了辛亥革命前后农村破产、农民痛苦生活的现实。文中出现了三次"迅哥儿"，不免让读者误以为"我"便是真正的鲁迅。但其实这是叙事文学中的一种"圈套"，意在混淆真实与虚构的界限。在绘画作品中亦是如此，拉斐尔将自己画入他著名的《雅典学院》之中，与古希腊众多伟人同框。高更则把多年来对塔希提岛的印象与内心的幻想融于画中，创作了《我们从何处来？我们是谁？我们向何处去？》，画面中岛上原住民生命的历程，是高更对自身灵魂的拷问。虽然我们无法明确说画中谁的形象是高更自己，但毫无疑问这幅画中的叙述者有高更的身影。

我们可以在一些长幅画卷中发现二维设计作品的时间跨

度。上面提到的《韩熙载夜宴图》便记录了一次完整夜宴中的重要环节。画面从左到右向观者依次展现了琵琶独奏、六幺独舞、宴间小憩、管乐合奏、宾客酬应五个场景。就如同叙事文学中讲述故事一般，时间、人物、地点、起因、经过、结果尽数交代于长卷之中。但对于多数仅描绘景、物、人的单一场景，我们无法知晓故事发生的时间跨度，也无法窥探情节进一步的发展。没有情节发展的故事是不完整的，片刻的画面留给观者的是无尽想象与思考。或许这也是设计的魅力所在，每个人都可以有自己的解读，但又有相似的情感认同。

相较于二维设计，个别的三维设计作品与叙事文学之间则有了显著的差异。一般地，三维设计作品都要经历二维草图到三维创造的阶段变化，一旦作品在三维世界成型便如脱胎换骨般重获新生。观者可以知晓物件存在了多久，却很难判断其叙述故事的时间跨度。面对设计作品，观者脑海中形成的故事又往往有别于当时设计作者的构想，这其中的差距较传统叙事学中读者与作者的认知差异有过之而无不及。三维设计中，作品的声音是更加丰富多样的。观者通过感官接受来自多角度的"声音"，触觉感受作品的肌理和质感，视觉观察作品的样式和色彩，在一些设计作品中甚至还有听觉和嗅觉参与。正是这样多样化的声音表达，使得设计作品的叙述表达变得形象生动起来。

## 2.3 设计 × 叙事 × 修辞

从中国传统诗词再到小说文本，文字语言的表达形式能够简洁明了地向人们传递丰富的信息和内涵，具有很强的叙事性特征。将中国传统文学范畴的内容提炼应用在设计表达上，捕捉到功用性之外的对社会和生活的发现和感受，善用设计语言，从而呈现故事的内涵，可以更好地体现设计的价值和意义。叙事性设计就是将文学领域中的叙事性运用在日常生活的设计领域之中，将文学语言的叙事性以设计语言的形式呈现，从而达到情感的表达和传统文化价值的艺术体验。叙事作为设计的一种方法，通过设计语言来叙述故事，有助于激发和唤起人们的心理感知，从而更好地完成信息传递。

修辞手法运用在设计作品中是基于理性之外的感性描绘，也是在视触觉之外的着重于传统文化的继承表达。通过将文学中的表达技巧灵活运用在设计作品表达中，一方面，增强了设计元素的表现力和感染力，从而提升其有效说服力，避免了千篇一律的乏味；另一方面，修辞手法的恰当运用有助于加深用户的理解和认知，从而更加有效地使用设计作品；就设计者而言，借助文学修辞技巧不仅是将文学中的叙事性以设计语言的形式再现，最终目的是为了更好地叙述设计作品的故事性，更巧妙地设计叙事（就是作品本身）。在设计中，叙事的交流是信息的传递与接收，设计作品作为媒介连接着设计者同用户，其外在形态、色彩、材质等作为设计作品的叙述元素共同组合服务于叙事性内容，从而给人以最直观的感受和最深刻的触动。

在叙事性设计中，以设计作品为媒介实现设计者同用户间的叙事交流，而修辞手法则是在特定的情境下始终服务于设计内容的一种设计语言表达方法和技巧，也是一种艺术手段。修辞手法的运用是为了更好地表达思想和情感，在设计中的体现则是增强设计作品的感染力和表达效果。叙事性设计的修辞是指通过设计元素构造叙事语言并辅以修辞技巧，增添表达效果，赋予设计作品以生机，共同讲好故事。中国制造转型为"中国设计"是当务之急，"中国设计"就是萃取优秀的传统文化精髓，以设计作品为文化载体，向世界展示一个国家深厚的文化底蕴，输出中国魅力。

叙事性设计的修辞在设计叙事作品中具体应用可以从设计叙事交流、修辞技巧的表达效果两个方面进行阐述，其最终目的都是为了讲好故事，服务于内容。在具体案例的解读中可以参考如下规律进行探讨：首先，修辞手法在设计叙事作品中的应用，将文学性以设计语言的技巧体现在作品中，不仅可增强设计作品的感染力和表达效果且有助于整体故事性的理解。其次，恰当地运用修辞手法，一方面，对于用户来说，不同的修辞手法各有其特性，根据特定的情境需要进行选取，有助于设计作品的修饰，从而激发用户的兴趣，增加作品说服力的同时给人以反思，达到事半功倍的效果；另一方面，对于设计者来说，设计者以作品为媒介连接用户进行叙事的信息传达，通过设计作品向用户传递其真实情感和创作意图。这种交流是双向的，用户同样可以感知到设计者在功用性之外的更丰富的内涵和情感表达，从而更好地完善设计作品，更深层次地满足人们的需求。

最后，文学范畴启发下的设计叙事，在叙事性设计中的表达中更多的是注重设计者、涉及设计作品、用户间的叙事交流，如图 2-2-9。修辞技巧在整体设计叙事中有助于深化设计作品艺术内涵，共同营造出好的叙事氛围，赋予其更深层的设计价值和意义。修辞手法同叙事性设计相结合，在感受一定修辞技巧所带来的创意修饰丰富和提高设计作品的文化意蕴，赋予设计作品以文学美体验的基础上润色故事，使得人们在接触设计作品时能更好地理解所叙之事。

图 2-2-9

# 第 3 章

修辞
如是

## 3.1 对偶

### 3.1.1 对偶修辞的概念

对偶修辞手法运用可使文章的句式结构美观规整，音韵和谐，亦可使相对应的上下两句意思互为补充、相互映衬，增强语言的表达效果。根据结构划分，对偶分为严式和宽式；根据上下句在意义上的联系，对偶分为正对、反对和串对，如图 3-1-1 所示。叙事性设计中，对偶修辞手法的运用可以起到增强画面表现力及气势的作用，使有关联的两物之间产生比较，相互对比或衬托，突出设计主旨。

图 3-1-1 对偶修辞手法图示

### 3.1.2 文学之对偶修辞

（1）五岭逶迤腾细浪，乌蒙磅礴走泥丸。

——毛泽东《七律·长征》

这两句诗不仅对仗工整，还运用了比喻和夸张的修辞手法，增加了语言的表现力。把五岭和乌蒙山分别比作细浪和泥丸，巍峨雄伟、绵延不绝的大山在此被描述得微不足道，以"腾""走"赋予五岭、乌蒙以动态，静止的山被赋予生命力，以此反衬和塑造红军长征时翻山越岭的英雄气概。属于对偶修辞手法中的正对。

（2）万里悲秋常作客，百年多病独登台。

——杜甫《登高》

宋人罗大经在《鹤林玉露》中分析评论说："万里，地辽远也；秋，时惨凄也；作客，羁旅也；长作客，久旅也。百年，暮齿也；多病，衰疾也；台，高迥处也；独登台，无亲朋也。十四字之间含八意，而对偶又极精确。"[1] 属于对偶修辞手法中的反对。

（3）欲穷千里目，更上一层楼。

——王之涣《登鹳雀楼》

串对更多是在内容上的对偶，在形式上并不十分严格。这两句诗的上下句为假设关系，意指如果想要看到无穷无尽的美丽景色，应当再登上一层楼。世人常常用其来引申：想要取得更大的成功，就要付出更多的努力。属于对偶修辞手法中的串对。

【1】王希杰.修辞学导论[M].长沙：湖南师范大学出版社，2011：304.

### 3.1.3 艺术之对偶修辞

#### （1）门神剪纸

在民间，门神被认为有驱鬼避邪的作用，因此几乎每家每户都会张贴门神祈求平安。门神的形象设计为左右两人，各把持一方（图3-1-2）。设计中运用了对偶的修辞手法，二者的神貌、着装和手持武器都不尽相同，但大致的形式一致，显示出门神的威严。正是因为门神的设计运用了对偶的修辞手法，当观者看到其中的一方后便能自然联想出另一方的大致样式，二者相对时和谐统一，庄严肃穆之感油然而生。

图 3-1-2 门神剪纸

（2）《耶稣受难与耶稣下葬》插画手稿

这幅插画手稿出自于《卡斯蒂尔的布朗什诗篇》，描绘的是耶稣受难被钉于十字架和耶稣下葬的场景（图 3-1-3）。

图 3-1-3 《耶稣受难与耶稣下葬》

从形式及内容上可以将插画理解为上下和左右对偶的设计，其形式相近、内容相连，画的左右各有一人相对，上下部分为耶稣受难遭遇的情节叙述。对偶修辞手法的运用可以让作品在故事情节的介绍上相互承接，表达更为完整，作品本身更富有庄严神圣之感。

### 3.1.4　设计之对偶修辞

（1）宠物社区标志设计

　　这款宠物社区标志的画面主体为两只相互拥抱的猫和狗，并组成了一个大大的心形图案，图案生动活泼，互相呼应（图3-1-4）。设计师旨在传达出社区"人人热爱宠物"的服务态度，心形的图案设计也正象征着人们对宠物的爱心。在标志样式设计上，作者采用了左右对偶的设计修辞手法，左边为小狗，右边为小猫的形象。以人们常见的猫狗来借指所有的宠物，避免图形内容的烦琐。如此设计不仅增添了标志

图 3-1-4　宠物社区标志

　　　　　叙 述 性 设 计 的 修 辞　　──────

的趣味性，也让观者更加容易理解、认同其设计理念，有利于其品牌影响力的传播推广。

（2）三菱汽车平面广告设计

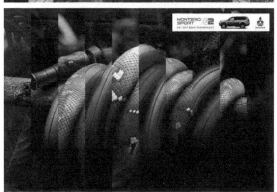

图 3-1-5　三菱广告设计

这组三菱汽车平面广告的设计也用了对偶的修辞手法，它是将两幅图片相互分割拼贴成一幅画面，如图 3-1-5。第一幅由非洲大草原上真实的狮子与广场上的铜狮子相互拼接而成；第二幅由亚马孙丛林中的森蚺和花园中的绿色水管相互拼合；第三幅由尼罗河中凶猛的鳄鱼和水族馆中供人观赏的鳄鱼相拼合。这组平面广告向观者传达的信息是：有了三菱汽车，就可以亲临非洲大草原、深入热带雨林、前往尼罗河等充满原始野性的地方，突出了三菱越野车卓越的驾驶性能以及其可以带给人们的不凡驾驶体验。对偶修辞的设计巧妙且直接向观者表达了三菱汽车的驾驶与设计理念。

（3）对狮石雕工艺品设计

对狮的设计运用对偶的修辞手法，一雄一雌，一左一右。左边的雄狮前脚踩着一只绣球，这是权力的象征；右边的雌狮脚边依偎着一只小狮，象征着子孙兴旺，如图 3-1-6。对偶的设计也体现出了人们希望"好事成双"的祝愿。左右虽同为狮子，但在样貌、姿态上还是存在差异。对狮作为艺术品的存在，也是人们心中美好象征的载体。在中华文化里，自古就有摆放石狮避凶纳吉、装点门楣的传统习俗。对狮的设计也运用了移情这一修辞手法，它承载着吉祥如意、平安祥和的寓意，寄托了古人的美好愿景。

图 3-1-6 对狮

## 3.2 倒装

### 3.2.1 倒装修辞的概念

在文学中，倒装句包括主谓倒装、定语后置、状语后置、宾语前置、偏正互换等几种形式。叙事性设计中，倒装修辞手法的运用多起到强调的作用，突出重点，明确设计主题，如图 3-2-1 所示。

图 3-2-1 倒装修辞手法图示

### 3.2.2 文学之倒装修辞

（1）亦太甚矣，先生之言也！

——司马迁《史记·鲁仲连列传》

此句的正常语序为"先生之言也亦太甚矣！"倒装修辞手法运用在此，颠倒语句顺序，意在强调，起到加强语势作用。

（2）"雷峰夕照"的真景我也见过，并不见佳，我以为。

——鲁迅《论雷峰塔的倒掉》

此句的正常语序为："雷峰夕照'的真景我也见过，我以为并不见佳。"例句将主谓语序倒装，表达的意思相同。倒装修辞手法在此处起到了加强语气的作用。

### 3.2.3 设计之倒装修辞

（1）艺术展览海报　平面设计

日本最重要的新生代平面设计师之一高田唯（Yui Takada）的设计被看作是"新丑风"（New Ugly）的典型。图 3-2-2

是高田唯为一次艺术展览设计的海报，该展览集合了九位收藏家的个人藏品。作为展览的宣传海报，高田唯没有直接在海报上大篇幅地呈现展览图片或相关收藏家的资料及照片，反而站在观看者的角度，向设计师本人抛出问题。一般情况下，前来看展的人要参观过该展览所展示的藏品后才产生这样的疑问，但高田唯把问题放在展览开始之前，运用倒装的修辞手法，故意颠倒参观展览与发问的顺序，在宣传海报上直接抛出问题，以此吸引观者前来探索问题的答案。倒装修辞手法运用在平面设计中，打破了固定的思考模式，呈现出的作品有令人耳目一新之感，观者与设计者的思考角度互换，通过作品的呈现，在观者与设计者之间产生良好的互动效果。

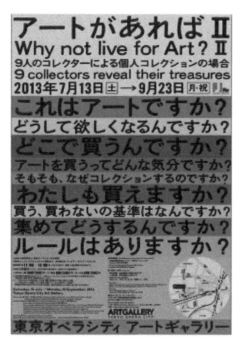

这是艺术吗？

为什么会想要？

在哪里能买到？

购买艺术是怎样的心情？

说到底，为什么要做收藏？

我也可以买吗？

买和不买的标准是什么？

收集后要做什么？

有规则吗？

图 3-2-2　艺术展览海报

（2）无印良品服饰及床品广告海报　平面设计

无印良品的服饰及床品追求的不是款式的多样性，而是追求对材料本质的还原。衣物及织物的材质都非常讲究，大多衣服都是全棉的，夏天会推出亚麻质地的衣服，偶尔有丝绵混纺。一些有弹力的衣服会加锦纶，不过最主要使用的材料是棉、麻、丝，穿着感舒适，手感和保暖性都非常好。无印良品服饰及床品广告海报中，模特身着无印良品家居服，或躺或站，以蓝天白云为背景（图3-2-3）。海报中没有介绍和说明衣物及织物的材料之好，只是营造自然随意舒适的使用者形象，这里设计者运用倒装的修辞手法，向消费者传达品牌服饰及床品带给人的舒适的使用感受。

（3）电影《寄生虫》海报　平面设计

电影《寄生虫》的宣传海报颇具叙事性：在一座别墅前，几位影片主人公错落排列，海报的前景，躺在地上苍白的一双腿渲染出电影诡异悬疑的基调；中景由左及右分别是代表富人阶层的夫妻和代表贫民阶层的父亲；远景由左及右分别是富人的儿子与穷人的儿子（图3-2-4）。海报运用倒装的修辞手法，直接呈现出故事的高潮即杀人案件发生前后的场景，而没有先介绍主人公及故事背景。海报会让观者产生诸多疑问，好奇故事是怎样发展到这一步的，以此吸引观众前来观看电影解开疑惑，达到设计者宣传电影的目的。

（4）Graft餐具　产品设计

Graft是一套用新型生物塑料PLA（聚乳酸）制成的一次性餐具，餐具表面肌理的颜色为日常所见的蔬果本身的颜色，如图3-2-5所示。餐具的制作材料聚乳酸可降解且提取

图 3-2-3　无印良品服
饰及床品广告海报

　　　　　叙 述 性 设 计 的 修 辞　　──────

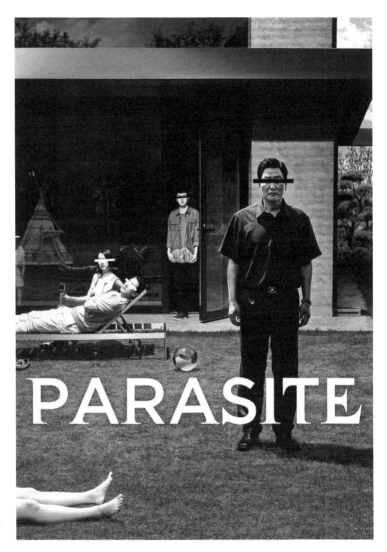

图 3-2-4 电影《寄生
虫》海报

图 3-2-5 Graft 餐具

自植物，避免了污染环境。将果蔬的肌理和形态与餐具的外形与功能连接，橘子皮的防滑性、芹菜茎的加强筋、洋蓟花瓣的形态等，这些都与勺子本身的功能与形态有重合之处。在使用过程中，植物的味觉联想匹配所食用食物的味道，芹菜适合用于吃沙拉的叉子柄上，洋蓟味稍淡可以作为勺子，菠萝叶边缘的锯齿可以演变为餐刀的刀刃，迷你胡萝卜做茶勺，使用者下意识地联想到甜味，半个哈密瓜的形态与碗的形态极像，柠檬做高脚水杯给人以清爽的感受。当肌理、形态和色彩被看到及触摸到时，给用户带来的观感是瞬间的条件反射，设计者把餐具设计成类似仿真的植物造型，将餐具的造型和色彩与餐具的基本使用功能形成倒装，带给用户奇妙的使用感受。

## 3.3 设问

### 3.3.1 设问修辞的概念

设问修辞手法可概括为"提问而不答"与"自问自答"这两个部分，"自问自答"又分为"提问"和"激问"两类。通过问答的形式，突出强调情绪的表达，使得文章更具感染力，增加作者与读者间的互动与交流（图 3-3-1）。

图 3-3-1 设问修辞手法图示

### 3.3.2 文学之设问修辞

（1）今日长缨在手，何时缚住苍龙？

——毛泽东《清平乐·六盘山》

《清平乐·六盘山》是红军翻越六盘山，完成长征，胜利在望时所作辞章。"今日长缨在手，何时缚住苍龙？"作为词的结尾句，以诘问笔法提出问题却不答，增强了语言的表现力度，"长缨"在词中意指革命武装力量，"苍龙"意指国民党反动势力。"提问而不答"，抛出问句给读者，奠定了整首词的豪迈基调，表达出誓将革命进行到底的豪情壮志与英雄气概。

（2）花儿为什么这样红？它象征着纯洁的友谊和爱情。花儿为什么这样鲜？它是用了青春的血液来浇灌。

——电影插曲《花儿为什么这样红？》

在电影《冰山上的来客》插曲《花儿为什么这样红？》

中对花朵娇艳鲜红的颜色及花朵的新鲜程度提出疑问，随后的歌词中再依次给出解答。属于设问修辞手法中的"提问"，答案承接上文中的问题，加强语气的同时突出感情，由表及里，由浅入深的层进关系使得歌词层次分明，结构紧凑，歌词朗朗上口，给听众留下深刻印象。

(3) 东方的纸上说：古有三不朽。西方的纸上说：不朽的杰作。但请问，什么是不朽？永远不朽的，只有风声、水声与无涯的寂寞而已。

——陈之藩《寂寞的画廊》

作者提出"什么是不朽"这一问题，又紧随其后给出答案，属于设问修辞书法中的"激问"。作者提出问题，又紧随其后给出答案，答案否定了上文东西方对于"不朽"的定义，表明作者的本意：道德、功业、学问及作品等没有一样是绝对不朽的。设问修辞手法的使用，起到强化情感的作用，结合文章语境、渲染情绪的同时引发读者思考，升华文章的情感基调。

## 3.3.3 艺术之设问修辞

**《我们从何处来？我们是谁？我们向何处去？》布面油画**

这幅布面油画是法国画家高更于1897年所作，如图3-3-2。画面中，背景部分以蓝色和韦罗内塞式的绿色填充，画面前景中，所有的裸体都以鲜艳的橙色与黄色呈现。婴儿意指人类诞生；摘果的人可以理解为亚当采摘智慧果，寓意人类的生存发展；尔后是象征生命终将陨落的老人，整幅画面示意人类从生到死的过程。画面色彩单纯，极具装饰性与浪漫色

图 3-3-2 《我们从何处来？我们是谁？我们向何处去？》

彩。这幅画承载了画家高更的全部生命思想，暗寓着画家对生命意义的哲理性追问。这幅画的名称"我们从哪里来？我们是谁？我们到哪里去？"提出的三个人生哲理问题，在画面中通过色彩与图像一一解答，题目与画面形成一组设问，通过油画作品诠释画家的生平以及画家对人生的感悟，在叙事性设计中，画面充当叙述者，向观者传达画家的所思所想，与此同时，观者在观赏画面后产生对作者生平的了解，并引发对人生及生命的感悟。

### 3.3.4 设计之设问修辞

（1）《现在开始瑜伽》 平面广告设计

这则海报里的主人公用脚来梳头，表情淡然，仿佛做出这样的动作不费吹灰之力，让人禁不住想他是怎么做到的呢？答案就在左下角的文字里，"现在开始瑜伽"解答了我们的疑问，是因为练瑜伽，使得他能做出这样的动作（图 3-3-3）。设问修辞手法在广告海报中的运用增强了广告的趣味性，以诙谐幽默的表现形式强调了瑜伽对锻炼身体柔韧度的重要性，画面中人物动作作为提出问题，文字部分作为对所提问题的解答，两个部分形成设问修辞，通过一问一答形式传递广告意图的同时丰富叙述层次，避免了广告平铺直叙的突兀感，以自然的呈现方式清晰地向用户传达出瑜伽课对锻炼身体的柔韧性有巨大帮助。

（2）《畅快呼吸》　平面广告设计

广告中的人用鼻子把气球吹得很大，引人发问，他是怎么做到的呢？答案就在左下角的产品图像及文字介绍中：使用了这瓶药，使得他呼吸畅快，鼻息通畅甚至能吹起气球，强调了药品的使用效果（图3-3-4）。生活中经常能看到一些夸张且出奇的广告海报，让人不明所以，忍不住仔细看看它是在表达什么，而通常仔细阅读和浏览海报时，会发现海报上的文字或图像可以解答心中的疑惑。设问修辞手法的运用帮助产品叙事，夸张的表现手法使得广告给观者留下深刻的印象，促进消费的同时宣传了产品功效，简洁明了的广告画面给消费者留下深刻印象，同时，设计者通过表现夸张的使用效果调动消费者情绪，消费者通过广告海报，产生对产品跃跃欲试的感受，因此形成良性的设计叙事逻辑，完成设计者、消费者、使用者三者间的交流与互动。

（3）PSP平面广告设计

如图3-3-5所示，几幅海报中人的视线怪异，引人注目，不由得使人发问：为什么他们的两只眼睛视线不一？答案是：因为PSP推出的全新游戏采用"新视点"形式呈现，以假乱真的呈现方式让人分不清是在真的驾驶还是在玩游戏。用两只眼睛注视方向的不同来表现全新视点，强调游戏机的新技术呈现出的视觉效果逼真，游戏操作效果震撼。在叙事性设计

图 3-3-3 《现在开始
瑜伽》广告海报

图 3-3-4 《畅快呼吸》
广告海报

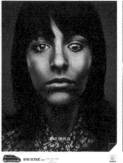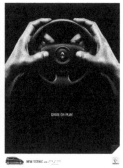

中，通过设问，传达设计者想法的同时增强广告的表现力，以此达到吸引消费者的目的。

图 3-3-5 "DRIVE OR PLAY"PSP 游戏机

（4）Juicy Salif 榨汁机　产品设计

著名设计师菲利普·斯塔克为阿莱西设计的 Juicy Salif 榨汁机为日常用品的设计带来一丝幽默趣味性（图 3-3-6）。将设问的修辞手法运用其中，使用者在初识这款榨汁机时大多是盲目的，不知如何使用，这便是设计者带来的初始提问，模糊产品功能性和可弱化视性，而以独特的造型外观吸引消费者，激发用户的兴趣。设计者所作的产品曲线及造型特征有效地帮助使用者解读产品的使用方法，给使用者带来恍然大悟后的思索。恰当地运用设问的修辞手法，一方面，设计者传达了榨汁机产品的使用方法，挤压榨汁的形式让产品操作更简单，用户体验更加富有趣味性；另一方面，对于设计叙事中的修辞，设计者采用设问的修辞技巧，通过设计作品传递自己的思想，用户作为叙述接收者，充分了解设计师意图，由此更好地带动用户的使用节奏，从而影响使用者的生活方式，启发读者深层次的思考，最终让用户沉浸其中，在使用过程中认识与感受产品。

图 3-3-6   Juicy Salif 榨汁机

## 3.4 衬跌

### 3.4.1 衬跌修辞的概念

叙事性设计中，把衬跌修辞分为"先衬后跌"和"先跌后衬"两类，"先衬后跌"阐释为：初次见到作品时深受震撼，但随着深入了解后才发现这件作品本身存在很多问题，不能达到初见时的心理预期。"先跌后衬"阐释为：初见一件作品后脑海中产生了对它的认知，但深入了解后意识到它的本质与观者最初的想法大相径庭，产品比预料之中更合理、更完善，予人出乎意料的惊喜感受（图 3-4-1）。无论是先衬后跌还是先跌后衬都使设计富有节奏韵律，运用衬跌的修辞手法，设计作品充当叙述者，生动活泼地传达设计者用意，用户的心理也相应产生一种意料之外又情理之中的反差，在设计者、作品、用户三者间形成双向互动。

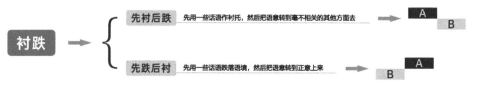

图 3-4-1 衬跌修辞手法图示

### 3.4.2 文学之衬跌修辞

(1) 一个人喜欢作十七字诗，见有妇人从前面经过，便作诗道："走过一娇娘，罗裙绕地长。金莲刚四寸，横量。"

——张岱《快园道古》

作者把一开始对"娇娘"的刻画进行得顺理成章，但最后一句出人意料，引人发笑。走过的娇娘，身着罗裙，脚仅有四寸，可惜四寸的尺度不是长度，是横着量出的脚的宽度。美丽的姑娘却有如此一双宽脚，先衬后跌修辞手法的运用，使得诗句整体呈现诙谐幽默效果。

（2）世态便如翻覆雨，妾身元是分明月。

——文天祥《满江红·代王昭仪》

这两句诗中，前句说世态如翻云覆雨那样变化无常，后句说自己对朝廷的忠贞仍如月亮那样分明。先跌后衬，后一句才是作者真正想表达的意思，前句是对后句的反衬，衬跌修辞手法在此处的运用，突出强调作者对于朝廷忠心赤诚的强烈情感。

### 3.4.3　设计之衬跌修辞

（1）猕猴桃（kiwi）运动鞋　平面广告设计

奥美芝加哥 2017 年为猕猴桃运动鞋品牌打造了一场"肖像完成"营销战（图 3-4-2）。画出了多幅著名肖像画人物的下半身，并给画中人的脚上"穿"了不同款式的 kiwi 品牌鞋子，只看名画中人物的上半身并无异常，但结合下半幅画中人物的脚部特写便使观者发笑，以诙谐幽默的方式，把世界名画中的人物当作 kiwi 运动鞋的"品牌代言人"，通过描写名画中人物的脚部和鞋子，吸引消费者注意，使消费者对广告留下深刻的印象，增加购买力，从而达到设计者的品牌营销目的。

（2）Nendo 家具桌椅　产品设计

设计师 Freidman Benda 发布在 2018 年迈阿密以及巴塞尔设计展上的 Nendo 家具（图 3-4-3），桌椅的材质像是浸在蓝色水彩颜料中被浅浅晕染的纸张，桌椅的造型设计成纸

图 3-4-2　猕猴桃运动
鞋广告

图 3-4-3　Nendo 家 具
桌椅

　　　　　　　叙 述 性 设 计 的 修 辞　──────────

张被剪切或折叠后的样子，乍看像是柔软轻薄的纸片，但深入了解后就会发现它们是用硬邦邦没有温度的坚固金属制作的。家具的金属框架被打磨并涂漆，通过两种水性油墨混合工艺着色后，再用软纸轻轻拍打油漆形成蓝色渐变，最后涂哑光层，呈现与纸张纹理相似的表面。先跌后衬的修辞手法，给设计增添亮点，给观者眼前一亮的惊喜感受，从而对设计留下较为深刻的印象。

（3）We+ 磁性椅子　产品设计

日本双雄 We＋东京工作室设计的磁性椅子，椅面覆盖着数千个细小的钢棒，名为 Swarm（图 3-4-4）。钢棒直径 1.2 mm，长度 15 mm，钢棒之间磁性相互连接。钢棒的运动方向、运动状态由磁力控制，并且彼此相互作用，当人坐在椅子上时，导线会相对于身体移动，虽然看起来钢棒会扎人，但坐上去的实际体验会比预期的要舒适得多，由磁性连接的细小钢棒覆盖在椅子上给人毛茸茸的触觉感受。当人坐在椅子上时，使用者产生非常直观的受力感受，钢针会保证坐姿舒适，并不会尖锐伤人。看上去尖锐扎人的椅子与实际使用椅子过程中感受到的舒适性形成先跌后衬的设计语言表达，在叙事性设计中，巧妙加入衬跌修辞手法润色，使得设计作品独具风格。

（4）胡斯托教堂　建筑设计

位于西班牙马德里的胡斯托教堂是由老人胡斯托·马丁内斯用废弃的钢铁、塑料、木料、塑料等垃圾建造的一座教堂（图 3-4-5）。主楼穹顶由食品塑料管制作；柱子由废弃的油桶做成；拱门由卡车和公交车的报废零件拆卸重组；墙

图 3-4-4　We+ 磁性椅子

图 3-4-5　胡斯托教堂

　　　　叙 述 性 设 计 的 修 辞 ——————

面由不规则的红砖垒砌起来。建筑虽然第一眼看上去很壮观，纯手工、人力建造的宏伟教堂让身临其境的观者惊叹，但这样的建筑没有专业的建筑图纸和安全的材料，难以经受时间的考验，不乏安全隐患。先衬后跌修辞手法在叙事性设计中不是为了取得诙谐幽默效果，更多的是形容设计经不起推敲与考验，达不到先前预期，从而给观者带来由扬到抑的心理变化与情感上的落差感受。

（5）潘（PAN）宅　建筑设计

潘宅 whisky & cocktail & Lounge 是由苏州潘世恩故居改造而成的，由李玉庆、黄鑫、钟宁、尼克打造（图 3-4-6）。潘宅的入口仍然保留白墙黑瓦的原貌，入口处看起来像是一家普通奶茶店的店面，但走过奶茶店继续向内，会经过一条古色古香的廊道，里面藏着一家极具苏州特色的酒吧。入口形式成为酒吧的亮点所在，先跌后衬使得酒吧在空间设计上颇具特色，完美诠释了"酒香不怕巷子深"，颇有魏晋时期陶

图 3-4-6　潘宅 whisky & cocktail & Lounge

渊明所作《桃花源记》中"从口入，初极狭，才通人。复行数十步，豁然开朗"的感觉。叙述者与叙述接收者双方被建筑链接，从而完成设计叙事，在这一叙事过程中，设计师通过运用衬跌修辞手法，使得设计叙事更具情趣，清晰地向消费者传达出酒吧的设计理念与构思，消费者通过实地感受，产生对设计的自我认知，从而达到叙事性设计中衬跌修辞的使用目的。

## 3.5 列锦

### 3.5.1 列锦修辞的概念

一段话语由几个名词或名词词组构成，词组或名词组合罗列在一起，构成的句子形式具有逻辑性及较强的结构性，能调动读者的想象力和推理能力（图 3-5-1）。列锦修辞手法通过选择组合、排列等方式构成充满意境的场景和艺术氛围，同时传递出作者的跳脱思维及其所作文章、句子的趣味性，从而更好地表达情感，颇具情在景中之意。

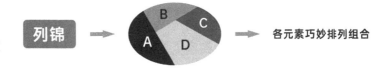

图 3-5-1 列锦修辞手法图示

### 3.5.2 文学之列锦修辞

（1）枯藤老树昏鸦，小桥流水人家，古道西风瘦马。夕阳西下，断肠人在天涯。

——马致远《天净沙·秋思》

诗句中的前三句，分别选取三个由定语和名词结构组成的词语。这些带有相同感情色彩的词语构成了一幅浑然天成的画卷，悲凉、寂寥的氛围一下子被烘托出来。诗人寓情于景，极大丰富了词句的艺术感染力。

（2）牡丹，吊钟，水仙，大丽，梅花，菊花，山茶，墨兰……春秋冬三季的鲜花都挤在一起啦！

——秦牧《花城》

段落中列举了几种在春季、秋季、冬季这三个季节盛开的各式鲜花，将花朵名称罗列在一起，形成整齐的句式结构。鲜花的样式之多体现出了元宵花市规模之大，节日的热闹祥和氛围被烘托出来，以此歌颂人民欣欣向荣的新生活。

### 3.5.3　设计之列锦修辞

（1）哈雷摩托　平面广告设计

图 3-5-2 是一幅哈雷摩托的宣传海报。设计运用了列锦的修辞手法。画面的主体是一辆插画形式的哈雷摩托。细看其中的组成，有印第安人、玛丽莲·梦露、金门大桥、好莱坞、自由女神像、白头海雕、总统山雕像等从古至今美国独特的元素，最终由这些元素构成了整辆哈雷摩托及整幅海报。列锦手法的运用使得画面带有一丝光怪陆离却不失具体的思想表达，强调出哈雷摩托是被历史与潮流所驱动的，是美国精神的象征。

图 3-5-2　哈雷摩托

（2）"枯山水卷 - 生活茶器" 产品设计

这套茶器的设计灵感来源于枯山水的景观样式，在其产品设计中运用了列锦的修辞手法，由此展现出一幅宁静的山水图画，如图 3-5-3 所示。整套杯具由三个大小不一的石状杯子组成，倒叠时可变成一座"假山"，与茶壶相映成趣，让茶具在实用价值的基础上又多了一层观赏价值。这是列锦在产品设计中的妙用，功能与意境相结合，在品茶中体会禅意。

图 3-5-3 "枯山水卷 -
生活茶器"

（3）苏州博物馆　建筑设计

苏州博物馆是由已故建筑大师贝聿铭设计建造的，其中山水园的设计将列锦的修辞手法运用其中。在苏州博物馆中，通往山水园有多条路径可供选择，人们可以从多个视角欣赏具有现代设计风格的江南园林。山水园的水景从北墙西北角延展开来，"以壁为纸，以石为绘"，匠心独具，让游人身临山水田园之中，流连忘返（图 3-5-4）。园内每一处的景观都错落有致，高低错落的石片假山与小桥流水相得益彰，营造出米芾水墨山水画的意境。

图 3-5-4　苏州博物馆一景

　　叙 述 性 设 计 的 修 辞

## 3.6 省略

### 3.6.1 省略修辞的概念

省略指在一定的语境条件下，依据不影响语意明确性的原则，省去可不说的词语或句子的一种修辞，它可使语言变得简洁明快，或委婉含蓄，如图 3-6-1。叙事性设计中，省略修辞手法经常被运用到极简的设计风格之中，抓住事物的特征，概括地表达设计内容，留给观者足够的想象或发挥空间。

图 3-6-1 省略修辞手法图示

### 3.6.2 文学之省略修辞

（1）子曰："盖有不知而作之者，我无是也。多闻，择其善者而从之；多见（择其善者）而识之；知之次也。"

——《论语·述而》

孔子说这句话的意思是：大概有自己不懂却凭空造作的人吧，但我自己没有这样的毛病。多听，选择其中好的加以学习；多看，全记在心里。这样的知，是仅次于"生而知之"的。在句中，"择其善者"已经出现过一次，所以在下一句中省去了，保证了语句的简洁，同时也增加了口耳相传的便捷准确程度。

（2）"亲爱的孩子，你走后第二天，（我）就想写信，（我）怕你嫌烦，（我）也就罢了。可是没有一天不想着你。"

——傅雷《傅雷家书》

在发言、做报告、写信、写日记等时，常常要提到"我"

怎样，这个"我"不一定都要说或写出来。这段话摘自傅雷给儿子傅聪的一封信中，这里就省略了主语"我"，但并不会影响读者在阅读时理解文章的内容，文章内容也显得简洁紧凑。

### 3.6.3　艺术之省略修辞

（1）《朱庇特和伊俄》　布面油彩

图 3-6-2 是意大利画家柯雷乔表现朱庇特爱情故事组画中的一幅，爱神朱庇特化身为云雾与情人伊俄幽会，其中运用了省略的修辞手法，将朱庇特的形象隐藏在乌云深处，着力表现一位沉溺于爱情中的女子的形态。省略手法的运用不仅表现出了朱庇特作为众神之神的神秘，也突出了画面的主体形象伊俄，使得画面更有层次感。

（2）《空中之鸟》　雕塑设计

《空中之鸟》是件青铜雕塑，由现代雕塑的先驱布朗库西设计创作。作品好似一根飞鸟翅膀上的羽毛，虽不见飞鸟的整体，却能让观者很容易就联想到鸟儿在空中自在翱翔的姿态（图 3-6-3）。省略不是简单的删除，而是在保留作品形象精髓的前提下，去除多余的情感表达，更多的让观者自己去感受作品本身。省略修辞手法的运用，可以让观者对作品有更多丰富的解读和想象。

### 3.6.4　设计之省略修辞

（1）Bill Byron wines 网站　平面设计

Bill Byron 是澳大利亚一个家族拥有的葡萄园，售卖有

　　叙 述 性 设 计 的 修 辞　　────

图 3-6-2 《朱庇特和伊俄》

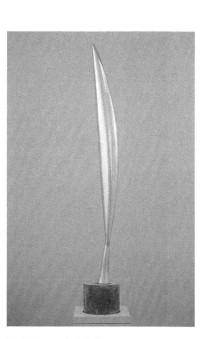

图 3-6-3 《空中之鸟》

机葡萄酒。它的网站设计运用了省略的修辞手法（图 3-6-4）。网站的背景是远远望去的一片与天地融合的葡萄林，它没有直接地展示酿酒的葡萄而将葡萄自然和谐的生长环境展示给大众，留给大众想象空间，从侧面表现出 Bill Byron wines 的自然与醇正。这种省略间接的表现方式，能让消费者更加自然地了解产品并接受其背后传达的经营理念。

（2）苹果手机　产品设计

图 3-6-5 是同时代诺基亚 N95 与 iPhone 1 的对比。诺基亚 N95 仍是老式按键配合非触摸屏的设计，而 iPhone 1 则独树一帜，删除了传统的按键，在正面只保留了一个 Home 按键，可谓十分吸引大众的眼球，也改变了传统的人与手机之间的交互方式。随着技术的不断进步，手机外观样式也更加偏向简约科技的设计风格，iPhone X 推出的全面屏和红外人脸识别也一改苹果手机往日的样式设计，受到人们的追捧喜爱。在现代产品设计上采用省略做减法十分的常见，但省略是让用户操作更为方便快捷，绝不能造成操作的误触和模糊。

（3）蓝牙耳机　产品设计

苹果和索尼在一些耳机的设计中运用省略的修辞手法。将蓝牙技术运用到耳机的设计上，对耳机进行无线化设计，删繁就简（图 3-6-6）。在音量调节和切换歌曲的操作上采用触摸操作的设计，删去了实体化的按键，使得产品更具整体，造型上更为统一。手势操作代替了传统需要靠按键才能实现的多种功能。省略手法的运用使得产品整体简约、美观大气，也适合"叙述"给更多场景、更多类型的用户群体使用。

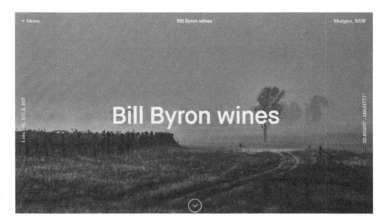

图 3-6-4　Bill Byron
wines

图 3-6-5　NokiaN95 →
iPhone 1 → iPhone X

图 3-6-6　苹果和索尼
耳机设计

## 3.7 避复

### 3.7.1 避复修辞的概念

避复指在写作或说话时，为避免字面雷同的词语因联用而造成单调呆板，选取同义的词或短语来代替的一种修辞方式。恰当运用避复的修辞手法，既能使语言凝练传神同时又使句子富有变化，从而增强感染力，如图 3-7-1。

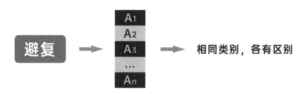

图 3-7-1 避复修辞手法图示

近代学人杨树达认为：实际上"变化"也就是避复。如果在同一篇文章里出现大量雷同的短语或句子，那么文章的语言就会因缺少变化而显得呆板笨拙。避复这种修辞手法，令作者在语言表述上不仅能避免用语重复，还能增加选词的范围，而在文章内使用一些富于变化的词语，也更加显示书面语言经过艺术加工的特点，如丰富、精准、雅致等。

### 3.7.2 文学之避复修辞

（1）昨日玉鱼蒙葬地，早日金碗出人间。

——杜甫《诸将诗》

这两句的意思是昨天贵重的玉鱼金碗还埋在葬地，今天早上这些殉葬品却出现在人间。诗中"玉鱼""金碗"所要表达的意思本一样，杜甫改"玉碗"为"金碗"，仅是为了避免与上文"玉"字重复。而诗人本意是为劝诚诸将守护泾渭，吐蕃入侵，必将焚毁陵寝，发掘墓葬，盗取宝物，表达出诗人深为国家安危忧虑的心情。

（2）从此就看见许多陌生的先生，听到许多新鲜的讲义。

——鲁迅《藤野先生》

这里形容词"陌生"和"新鲜"的转换，是行文的避复，使句子变得更加生动而鲜活。

（3）四季叫卖的货色自然都不同。春天一到，卖大小金鱼儿的就该出来了……一到夏天，西瓜和碎冰制成的雪花酪就上市了。秋天该卖"树熟的秋海棠"了。卖柿子的吆喝有简繁两种。一到冬天，"葫芦儿——刚蘸得"就出场了。那时，北京比现下冷多了。我上学时鼻涕眼泪总冻成冰。

——萧乾《吆喝》

这段作者在对于四季"吆喝"的不同叫法中，并非仅简单用"春天……夏天……秋天……冬天……"的说法，而是用了这种表述："春天一到……一到夏天……秋天该卖……一到冬天……"这是在句子的结构上运用了避复的手法，使句子在表达时更灵动自然，变化也更丰富，将四季截然不同的吆喝手段生动地展现在我们面前。

### 3.7.3 艺术之避复修辞

（1）《Afrodizzia》油画

克里斯·奥菲利的作品通常是画在巨幅画布上，色彩鲜艳活泼且大胆，而且总是细致地使用细小镶嵌样的圆点，铺上颜料再贴上少许色情杂志上的图案（图3-7-2）。他喜欢将特殊技术和材料运用到他的艺术创作中，同时，作品中装

饰风格和社会内容的结合也是他对有关黑人身份问题的有趣
探索的一部分。这幅油画就深刻体现了他的艺术风格和兴趣，
上面大大小小的黑人脑袋并不是重复的，而是从不同杂志上
剪下来的，这是避复手法的体现，也是他艺术风格的标志。
当看着这些不同的黑人头像时，会产生一种荒诞的感觉，但

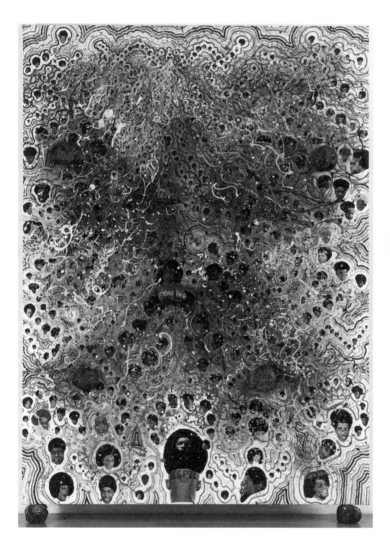

图 3-7-2 《Afrodizzia》
油画

　　　　叙 述 性 设 计 的 修 辞　　──────

它们恰到好处地被安排在那些位置，又给我们本该如此的念头，这就是避复带来的意义。

（2）奥斯曼宫廷风格图案

奥斯曼宫廷风格兴起于 16 世纪中叶，常见于陶瓷、手抄本和地毯等生活用品中，它的特点是构图充满活力而又十分优雅，弯曲的叶片和复杂的花一般的棕叶看起来似乎是被相互重叠和贯穿的藤蔓连在一起（图 3-7-3）。设计师运用了避复的修辞手法，使整个画面不至于死气沉沉，相反有一种精致的感觉。毫不雷同的树叶的花朵以一种纯色的表达手法展现在一条丝织品上，突出了它的特别与精美，也突出了使用它的人的尊贵的身份和地位。

图 3-7-3　奥斯曼宫廷风格图案

## 3.7.4　设计之避复修辞

（1）卢沟桥柱头狮

卢沟桥上石狮子的设计运用了避复的修辞手法。尽管卢沟桥柱头上都是"狮子"这一元素，但这五百多只狮子每只的神态样貌都不尽相同，丰富的造型变化避开了"重复"给人带来的呆板印象，一个个狮头变化多端，将雄狮的各个姿态都展现得活灵活现，如图 3-7-4。"燕京八景"中的一景"卢沟晓月"便是因这一特点闻名天下，神态各异的狮头给人们留下了数不清的传说。

图 3-7-4　卢沟桥柱头狮

（2）秦始皇兵马俑

秦始皇兵马俑的设计是避复的典型案例。兵马俑主要以当时的真人士兵为原型，塑造手法简洁明了但又细腻动人，如图 3-7-5。陶俑发型和衣着装饰各自不同，而面部五官到手部裸露的皮肤也各有差异，每个陶俑的细微面部表情更是千变万化。除造型外，避复在服饰颜色上的运用亦随处可见，多种色调的搭配和对比，使整个兵马俑整体差异明显而又协调一致，增加了动人的感染力。

（3）《兰亭序集》中"之"字

《兰亭序集》是东晋著名书法家王羲之的代表作，书中写了 21 个"之"字，如图 3-7-6。王羲之运用了避复的手法，将"之"的造型进行了多样的变化，由于所处的情境、位置不同，为了和整幅字画的上下、左右相协调，又要遵循随类赋形、

　　　　叙 述 性 设 计 的 修 辞

图 3-7-5　秦始皇兵马
俑

因势生形、字字相生的规矩，同样的字，在保持单个字体拥有独立的特色时，又要和旁边的字甚至全篇文章韵律统一，这才产生了"同字异形"的状况。在这里书法家运用避复的手法充分展现了行书既自由又富有韵律和节奏感的特点，《兰亭集序》也由此被后世称为"天下第一行书"。

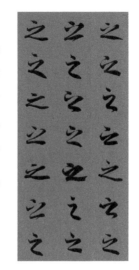

图3-7-6 《兰亭集序》中"之"字赏析

（4）总督宫 建筑设计

总督宫是威尼斯建筑的重要标志，整个建筑具有极强的开放性，同时又装饰性十足（图3-7-7）。它的立面包括三个层次：第一层是接地线的长廊；第二层包含一个开放式阳台，设有一个突出的栏杆，将第一层和第二层分开；而在第三层中，一堵石墙完全包围了立面的第三层和最上层，并被一排大而尖的窗户所打断。在总督宫可以看到不同时期的文化和建筑遗产：立面的上部是彩色石材的菱形图案，该技术是拜占庭晚期建筑的标志；底部两个层次的镂空格子状雕刻和拱廊结合了伊斯兰和哥特式的影响。这三层走廊上的立柱运用了避复的手法，每一层的建筑造型、大小和装饰的图案都各不相同，像较低的凉廊一样，阳台上也有尖拱形，不过在其上方还增加了精致的四叶形。尽管有这些不统一，但在这里仍然看到了与后来的意大利文艺复兴时期建筑相关的某种和谐和节奏以及韵律，让人印象深刻。

图 3-7-7　总督宫

## 3.8 复叠

### 3.8.1 复叠修辞的概念

陈望道在《修辞学发凡》中将复叠定义为"把同一的字接二连三地用在一起的辞格"，在这里，"同一的字或词"指的是形式相同的字或词语，形式是字形、字音，有的字的读音主要是声调可能略有不同，而"接二连三地用在一起"指的是多次重复使用。

复叠根据重复使用的字、词是否同义，一般分为两种。第一种名为复辞，指的是间隔或者连续重复使用形式相同而意义不同的字或词，类似多义字、多义词，适当使用复辞会使语言生动有趣，富有节奏韵律感。第二种称为叠字，连续重复使用形式、意义相同（或者都没有意义）的字或词，适当使用叠字有助于描摹风景、渲染氛围、表现情感、美化音律。

### 3.8.2 文学之复叠修辞

（1）杳杳寒山道，落落冷涧滨。啾啾常有鸟，寂寂更无人。淅淅风吹面，纷纷雪积身。朝朝不见日，岁岁不知春。

——寒山《杳杳寒山道》

这首诗每个句首都用了叠字，对仗工整但却自然舒缓，把单独的景色如山、水、鸟、人、风、雪等结合在一起，回环往复，独特又美丽。前面几句都是铺垫，描绘出一幅幽清的画面，最后一句才真正表达了诗人超凡脱俗的淡泊之情。复叠修辞的连用给了诗文一种整齐划一的形式美，增强了诗句间的韵律美，使人感觉和谐连贯，复而不厌，繁而不乱。

（2）昔我往矣，杨柳依依。今我来思，雨雪霏霏。

——《诗经·小雅·采薇》

重复使用的"依""霏"意义不变，"依依"摹写杨柳姿态，"霏霏"描绘寒冬雪景。在《诗经》里经常出现这样的例子，复叠的使用使句子更加工整但却别开生面，生动有趣。

### 3.8.3　设计之复叠修辞

（1）潘道菲尼府邸　建筑设计

图 3-8-1　潘道菲尼府邸

潘道菲尼府邸是拉斐尔设计的建筑，它既保持了罗马风格，又符合当时佛罗伦萨的审美，被认为是最美的文艺复兴古典建筑之一，如图 3-8-1 所示。设计中的复叠主要展现在建筑的窗户上的三角形和弧形交替，以及两边的立柱装饰风格上。窗户的形状分为田字格状、三角状和二叶开状，它们交叉反复，形成设计上的复叠。而立柱上的装饰，也有三种不同的形状，而每一层的深棕色砖又是同一款造型。它们丰富多变而又整齐划一，加上黄色的整体建筑颜色，给人以年轻化的俏皮感受同时又有优雅、端庄的感觉。

（2）罗马斗兽场　建筑设计

罗马斗兽场是一个椭圆形的建筑，它造型别致，规模宏大，长轴达187m，是罗马帝国最著名的历史建筑，如图3-8-2。
斗兽场主要分为两个区域，中间是表演台，台上铺着地板，
而四周则围着混凝土看台。看台每层80个拱，三台共240
个拱，由此组成了一圈圈高度和造型都不尽统一的环形拱圈
廊，甚至每一层的高度又有细微的差别，但层内的设计采用
了相同的弧度和高度，这正是采用了复叠的表达手法，远观
只能看到一个个弧形的"门"组成了这一庞然大物，别致又生
动，宏伟而秀丽，四层都是券柱式，从下到上分别运用塔司
干、多立克、爱奥尼和柯林斯柱式，每层母题重复，形成复
叠，统一中又有韵律感，使罗马斗兽场闻名于世。

（3）巴别塔　建筑设计

巴别塔是当时巴比伦王国最高的建筑，它造型宏大而壮
丽，据说在当时王国内任何一个地方都能见到它的身影，所
以它有个外号"通天塔"，图3-8-3是其想象复原图。它拥有

图 3-8-2　罗马斗兽场

　　　　　叙 述 性 设 计 的 修 辞 ────────

图 3-8-3　巴别塔

很多层雄伟的高台，而塔则建在这些高台之上，随着高度增加而半径缩小的高台使塔的外部优雅而壮美。在高台外面设计了圆形的阶梯，上塔时需要绕着这些阶梯上去，可以直登塔顶。这八层高台被设计得奢华而又坚固，其中的每一层的窗户都运用了复叠的手法，每层窗户大小不一致，形状类似但不完全相同，使塔看起来精致典雅，而层内的窗户造型又几乎一样，一个圈接一个，使塔具有一种工整而繁复的神秘感。

## 3.9 反复

### 3.9.1 反复修辞的概念

反复指通过有意识地重复某个词语或句子，达到突出某种思想，强调某种感情、某个意思或增强节奏感的目的的一种修辞方式[1]，在文学中特指重复使用同一词语、句子或句群。运用反复既可以帮助作者抒发强烈的情感，表达深刻的思想，又可以使文章脉络清晰，层次丰富，增强语言节奏感，如图 3-9-1。

【1】高国庆. 谈英汉互译中修辞格的转译方法及应用 [J]. 时代文学（下半月），2010（3）：40-41.

反复修辞分为连续反复和间隔反复。[2] 连续反复是指把相同的语句连续不断地使用，中间不插进别的语句；间隔反复是指同一词语或句子的反复出现不是紧紧相连，而是中间有别的词句甚至段落隔开的反复，经常用于并列的语句或段落之中。

图 3-9-1　反复修辞手法图示

【2】梁永刚. 政论语体中间隔反复修辞格的英译 [J]. 湖南科技学院学报，2011（3）：174-176.

反复与排比有区别。反复的重点在于语句字面的重复，以起到加强情感、突出思想、增强词句节奏感的作用；而排比着眼于结构相似、语气一致，多项并举，起到加强语势，提高表达效果的作用。[3] 反复与排比常常兼用，以同时达到两种修辞的修饰效果。

【3】黄建霖. 汉语修辞格鉴赏辞典 [M]. 南京：东南大学出版社，1995：301.

## 3.9.2　文学之反复修辞

（1）沉默呵，沉默呵！不在沉默中爆发，就在沉默中灭亡。

——鲁迅《记念刘和珍君》

鲁迅先生在一个句子中多次使用"沉默"这个词，是为了突出在句子中有多重含义的词语，就是他所要表达的这个重点词——沉默，前面两个"沉默"深深地表现出鲁迅对当时政府的愤怒和期望当时人民觉醒的爱国之情；而在后半句中，作者也重复使用了两个"沉默"，但它们不是单独存在，而是包含在句子里，增加了文章语句的韵味，让文章变得像诗一样。

（2）大山原来是这样的！月亮原来是这样的！核桃树原来是这样的！香雪走着，就像第一次认出养育她成人的山谷。

——铁凝《哦，香雪》

这是运用在句子中的反复，铁凝在句中重复使用三个"原来是这样的"，加深了香雪看到家乡美景的欣喜之情。在这里，反复的手法突出了主人公对家乡淳朴而浓烈的感情，重点强调句子的整体排列，且每一句之间的情感随着句子最后的一句"台儿沟原来是这样的"而达到高潮，不仅有种层层递进的激发情感的作用，还能引起读者共鸣。

## 3.9.3　艺术之反复修辞

（1）《玛丽莲·梦露》　丝网版画

安迪·沃霍尔的金色的《玛丽莲·梦露》充满了故事，尽管这组作品是他挪用了别人拍摄的玛丽莲·梦露的照片，甚至连制作也是让助手完成的，但这并不妨碍他被称为艺术大师。梦露的版画五官各个细节一模一样，因为艺术家反复使用出自某个报纸上的同一张照片；但每一张的颜色却截然不同，从头发到五官再到背景颜色，沃霍尔变换着反差强烈的颜色，如图3-9-2。众所周知，沃霍尔善于使用反复的修辞手法创作艺术，他告诉我们艺术是一件商品，他所做的就是制造甚至批量生产产品。他把自己的工作室称为"工厂"，里面的工作人员以同一张报纸照片为底本，炮制了很多幅如《金宝汤罐头》的印刷品。

图 3-9-2 《玛丽莲·梦露》

（2）《林迪斯法恩福音书》十字架书页 犊皮纸蛋彩画

这个在福音书中画有十字架的书页是一个复杂而精美绝伦的艺术图案，如图3-9-3。艺术家采用了反复的修辞手法，创作精确度媲美珠宝匠，在几何框架之中倾注了密集又充满动感的动物交织纹样，其中的设计规则包括了对称、镜像效果、形式与色彩重复。为了达到这样的效果，艺术家必须遵循严格的原则，作画之前要设计好最微小的母题和尺寸最大的图案，用尺子和圆规在页面上或手绘或针刺标记网格点线；上色时，艺术家严格遵循之前描好的图案，不容许任何印迹

图 3-9-3 《林迪斯法
恩福音书》十字架书页

破坏部分元素或整体设计。反复的修辞手法在这里，重叠、反复剪贴，加大了这些动感纹样的复杂性和联动性，让人感到神圣不可侵犯。领悟到这迷宫一般的精神世界，仿佛世界上的妖魔鬼怪都被十字架的力量所震慑。

## 3.9.4 设计之反复修辞

### (1) Louis Vuitton 经典印花设计

"LV"包上的花纹是 LV 的第三代传人嘉士顿·威登所设计的花纹图案，现已在 LV 很多经典款中使用，如图 3-9-4。其设计的初衷是由于嘉士顿·威登的父亲佐治·威登生前热衷于日本文化，为了怀念他，嘉士顿·威登挑选出深具传统日本徽章意味的图案，镂空和实心的菱形四角星组合和四叶草，再加上 LV 这两个重叠的字母，这四种图案循环往复，排列整齐而巧妙，形成反复的美感，但又不是单纯的重复排列，富有变化的同时每一个标志之间留一些间隔，成为时代经典。

### (2) 四层花瓶 产品设计 (four-layer Vase)

Four-layer Vase 它是日本著名设计团队 Nendo 为 Wakazono 设计的"四层花瓶"，如图 3-9-5。花瓶表面重叠的图案是采用一种新型的加工技术，它可以使花瓶的表面纹路形成两个不同的层次。两层纹路都是由刻刀从外表面往内雕刻，第二层比第一层深 4 毫米，两层图案叠在一起形成反复，使花瓶从不同的角度看时呈现不同的层次和纹路。这种在纹路上对反复的使用，在一些装饰上经常可以看到，使作品看起来整齐明了，细微之处又不乏变化。

图 3-9-4 "LV"包上的花纹

图 3-9-5 四层花瓶

## 3.10 回环

### 3.10.1 回环修辞的概念

回环就是在说话或写文章时，把语言片段先后顺序颠倒，连成一句，回环往复成文，明确地表达作者用意的同时增强语气、润色文笔，如图3-10-1。其句式结构循环往复，一方面，能准确揭示事物间的辩证关系，使文章富有层次；另一方面，回环修辞的运用增强文章感染力，凸显深刻道理的同时耐人寻味，升华文章内涵。

图 3-10-1 回环修辞手法图示

### 3.10.2 文学之回环修辞

(1) 只见他店中一个个的伙计，你埋怨我，我埋怨你；那掌柜的虽是陪我坐着，却也是无精打采的。

——吴趼人《二十年目睹之怪现状》

小说中描述的场景为店内珠宝被骗后，店内伙计慌乱之中相互埋怨的状况。"你埋怨我，我埋怨你"运用的是回环修辞手法，句与句间前后回环相接，以循环往复的结构句式清晰地表现出店内伙计珠宝丢失后的恐惧和焦急、慌乱心理及推卸责任的态度，通过回环这一表现技巧，增强语言感染力的同时，真实再现故事场景，使得读者轻而易举地产生画面联想。

（2）科学需要社会主义，社会主义更需要科学。

——郭沫若《科学的春天》

文中将"科学"和"社会主义"二词的顺序前后对调，由此形成词语结构间的回环往复，虽然前后词语的排列次序颠倒变化但其传达出的中心思想并未发生变化，很好地揭示了"科学"同"社会主义"二者密不可分的关系。

## 3.10.3　设计之回环修辞

（1）海报设计

海报中带有黑色斑点的红色圆柱体压于黑色波浪线之上，光滑的红色圆柱体被黑色波浪线压在下面，如图 3-10-2。尽管海报上只有三组，但一组结束后又有不同形态的下一组，每两组形成一个回环，能让人想象到画面之外的更多组合，无限循环往复地叠加压覆，使得有限的画面具有无限的延伸感，回环往复的叠压使画面具有张力，比完全平面的表现形式更为生动，更具吸引力。

（2）Balance 桌灯　产品设计

设计师 Victor Castanera 设计的灯具，如图 3-10-3，是把两个会发光的白色圆球置于黑色钢板之上，中间穿插黑色金属球，黑白相间，回环往复，一明一暗形成平衡关系，使得灯具颇具情趣美感。而灯具的底座是黑色的大理石半圆球，仿佛可以再添加一颗发光白球，黑白圆球错落相间，以此形成循环往复的堆叠平衡美感。回环修辞在灯具设计中的体现，帮助产品叙事，增加设计作品的感染力，设计作品通过造型及美感来传达设计师的所思所想，用户在使用过程中逐渐领

图 3-10-2　海报设计

图 3-10-3　Balance 桌灯

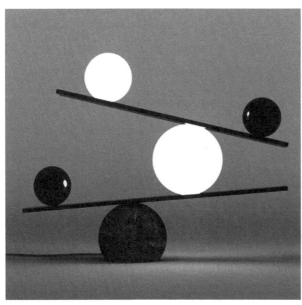

　　　　叙 述 性 设 计 的 修 辞 　　──────

会设计师的设计理念。通过设计作品的呈现，修辞手法的润色，使得叙事性设计中的设计者、设计作品、用户三者形成良好的交流互动。

（3）"连接"座椅　产品设计

图 3-10-4 是专为儿童设计的凳子，白色凳面带有凳腿，凳面上的两个孔刚好可以连接木质凳面底部的白色凸起，可以将多个凳面拼接成长凳使用，也可以将两个凳面摞叠起来作为一个凳子使用，木质凳面与白色凳面的拼接和颜色相间形成循环往复的回环情趣，产品兼具实用性与使用乐趣，木质颜色凳面与白色光滑凳色彩相间，在拼接使用时，白色的凳面尾部连接木质凳面的首部，首尾相连，产品结构上形成回环往复的美感，淋漓尽致地凸显设计巧思。

图 3-10-4　"连接"座椅

（4）神户兵库县立美术馆　建筑设计

神户兵库县立美术馆的内向螺旋楼梯连接美术馆上下楼层展厅，旋转楼梯用清水混凝土制成，结合美术展厅的玻璃外观可以让混凝土的内核变得柔和，取得虚实结合的效果（图 3-10-5）。分段式的圆环形，外圈的尽头连接内圈的开始，楼梯的设计让来此观赏的游客在上下楼梯过程中以转圈的方式形成首尾相连的回环往复，颇具观赏情趣。

图 3-10-5　神户兵库县
立美术馆内向螺旋楼梯

　　　　叙 述 性 设 计 的 修 辞

## 3.11 互文

### 3.11.1 互文修辞的概念

互文，也被称为互辞，它的形式常为上下两句或一句话中的两个部分看似说的是两件不同的事情，实际上是彼此互相呼应、互为补充关系，最终说的还是一件事。互文是能使句子变得整齐和谐、更加精炼的一种修辞手法。在互文的修辞手法中，上文里含有下文将要出现的词，下文里含有上文已经出现的词。

常见的互文形式有四种。第一种是连续式互文，它由两个结构相同或相似的短语，连续在一起组成互文。第二种是平行式互文，它将两个结构相同或相似的分句，以平行方式组成互文。第三种是对举式互文，这是指两个结构相同或相似的分句，形式平行，内容是正反对举的方式组成互文。而第四种是多层式互文：由两个结构相同或相似的分句，形式平行，内容含有多层意义组成互文。[1]

【1】付晓彤. 互文性：后现代语境中"独创性"的危机与突围方法 [D]. 南京艺术学院，2015：6.

### 3.11.2 文学之互文修辞

（1）不以物喜，不以己悲。

——范仲淹《岳阳楼记》

这个句子是告诫我们不能因外物的好坏而高兴，也别去为自己的不利处境而悲伤，常常用来安慰别人。在这里，运用互文的修辞手法使前后两句互为呼应，整体结构整齐，上下两句互为补充，使得整个句子精巧干练，朗朗上口。

（2）秦时明月汉时关，万里长征人未还。

——王昌龄《出塞》

在这句诗里"秦"和"汉"字形成互文关系，不能单从一方面来考虑"明月"和"关"，它的意思是秦汉时的明月秦汉时的关塞，我们可以理解为"秦汉时的明月照耀秦汉时的关塞"。这里互文修辞的使用表达了明月和关塞都没变，但却物是人非，让人悲叹时光流逝的同时更感受到战争的残酷和悲怆。

（3）朝晖夕阴，气象万千。

——范仲淹《岳阳楼记》

"晖"字象征着"阳光明媚"，而"阴"则代表着阴天。这里采用了互文的修辞手法，作者把"朝晖夕阴，朝阴夕晖"简洁地表达为"朝晖夕阴"，感慨岳阳楼的天气不会一成不变，早晨出太阳可能傍晚暮霭沉沉，而早晨是阴天时可能下午会有灿烂的彩霞，揭示我们要对生活充满变化的希望。

（4）映阶碧草自春色，隔叶黄鹂空好音。

——杜甫《蜀相》

杜甫《蜀相》在这句诗里，"映阶碧草自春色，隔叶黄鹂空好音"中的"自""空"产生互文，碧草映阶，春光空自美好；黄鹂隔叶，啼声空自悦耳。描绘出了一种寂静、清冷的画面，主要抒发了杜甫看着丞相祠堂凄惨寥落的悲痛——虽然堂内还春色诱人，但时光飞逝，如今哲人诸葛亮已去，又遭逢乱世，却没有像他那样的时代英雄来拯救苍生。

---

### 3.11.3 艺术之互文修辞

（1）《巴蒂斯塔·斯福尔扎与费德里戈·达·蒙塔费尔特罗双联肖像》油画

艺术家皮耶罗·弗兰切斯卡在这幅油画中主要描绘了大

公夫妇面面相对的一组肖像，如图 3-11-1。互文一是体现在这里，夫妻以侧面半身像示人，表情庄重地看着对方，体现出肃穆的仪式感。互文二是体现在背景中，尽管这是一幅双联画，可以看作是两幅画，但公爵夫妇身后的风光很明显又来自同一块地域，只做了细节的区分：公爵那边有一处宽广的水域，整体偏暖偏亮；公爵夫人则处在一大块阴影遮蔽的背景中。互文的手法既贴切地展现画中人的尊贵地位和个人财富，又通过对比，体现了时代浓厚的人文关怀气息。

图 3-11-1 《巴蒂斯塔·斯福尔扎与费德里戈·达·蒙塔费尔特罗双联肖像》

（2）《彩色雕塑》 抽象雕塑作品

芭芭拉是抽象雕塑的早期开拓者，因用石头雕刻的卵形生物形态作品而闻名。尽管她的这件作品没有明确的形象化意义，但考虑到它们光滑，圆润的轮廓，赫普沃斯的许多完全抽象的作品被认为是模糊的女性化，作品整体形状类似鸡蛋，又暗示了繁衍与出生，如图 3-11-2。图中的深蓝色与红

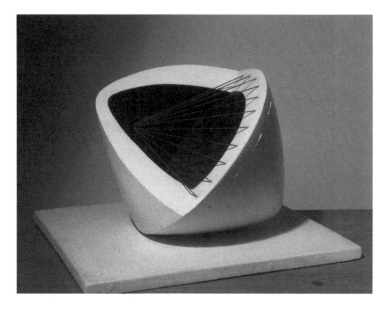

图 3-11-2　《彩色雕塑》

色细绳是表达繁衍出生的标志性造型，在这里体现出互文的修辞手法，红线的起点和终点在"蛋壳"的两端，又是以发散状分布，它的造型跟"空壳"形成对比，但又紧密联系在一起，表达出它们密不可分。互文的修辞使这件雕塑以消极空间的创新使用为特征，形式是贯穿其中心的孔，是芭芭拉作品中的常见主题。

## 3.11.4　设计之互文修辞

（1）电影《黄金时代》海报　平面设计

　　这是黄海为电影《黄金时代》作的美版海报，海报的主体是一支钢笔尖，中间本应是钢笔镂空处设计成一个站立的人形，二者密不可分，互为呼应，如图 3-11-3。整张海报重点突出，朴素又简约大气，海报带给观众的整体意象是一支"钢笔"，直呼主题：金笔中的萧红的剪影是孤独的，她不甘

图 3-11-3　电影《黄金
时代》海报

平庸，渴望挣脱封建的牢笼，将写作当作出口，去寻找自由。观众的眼光紧紧锁在钢笔中间的镂空上，而这也是海报的亮点，它采用了一种极简的表达方式，提炼出的醒目的文化符号——钢笔，而金色和黑色的组合也符合美国观众一贯对时代片海报恢宏时代感的色彩认知，可让观众产生共鸣。

（2）电影《乱世佳人》海报　平面设计

图 3-11-4 是设计师为电影《乱世佳人》做的一张平面海报。黑色的部分是男主角克拉克·盖博，白色的部分是费雯丽，两个部分看似也可以单独存在，黑色的是一个高鼻子高眉弓的英俊男人侧脸，而白色的"天空"部分则是一个温婉的有瘦挺下巴的美丽姑娘，通过一前一后的画面安排，上面部分男性的鼻子以上的部分在前面，而女性的下巴和脖子在画面的前面，这张《吻》看似是描绘两个对象，但实则相互呼应，相辅相成。设计者运用互文的修辞手法，贴切地展现了电影中男女主人公纠葛的爱恨，令观众唏嘘不已。

（3）螺旋形的日本漆筷　产品设计

图 3-11-5 是佐藤大设计的螺旋形的日本漆筷。这把筷子在顶端部分拥有螺旋形的曲线，不仅造型独特，而且在收纳时通过旋转融为一体，设计师运用互文的修辞手法，不仅让筷子在功能上方便用户收纳，在造型上更是增添了优雅的美感。它在分开时是两根独立的筷子，可以夹取食物，跟普通的筷子用法似乎没什么不同，但两根筷子的螺旋形成互文时，整个合二为一的精致感扑面而来。

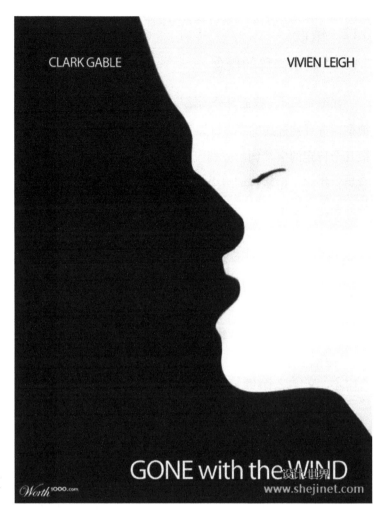

图 3-11-4 电影《乱世佳人》海报

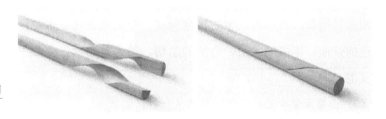

图 3-11-5 螺旋形的日本漆筷

## 3.12 镶嵌

### 3.12.1 镶嵌修辞的概念

如图 3-12-1，镶嵌可分为镶字、嵌字、拼字三种：镶字，把词语拆开插进别的字，以加强语意或延长音节；[1] 嵌字，把几个特定的字、词，分别嵌入几句诗或话中，暗含另一层意思；拼字，把联合词组中的两个词或合成词中的两个词素分开来间错使用。

【1】黄建霖. 汉语修辞格鉴赏辞典 [M]. 南京：东南大学出版，1995：289.

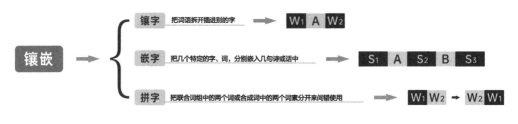

图 3-12-1　镶嵌修辞手法图示

### 3.12.2 文学之镶嵌修辞

（1）东市买骏马，西市买鞍鞯，南市买辔头，北市买长鞭。

——《木兰辞》

故意用特定的字嵌入语句中，属于镶嵌修辞手法中的"嵌字"，使文字的安排形成美妙的辞趣，同时运用"东西南北"一组方位名词，暗含木兰为替父从军作准备，紧张地购买战马和乘马用具，表示对此事的极度重视，夸张地表现了木兰行进的神速、军情的紧迫、心情的急切，使人感到紧张的战争氛围。

（2）山重水复疑无路，柳暗花明又一村。

——陆游《游山西村》

诗句属于镶嵌修辞手法中的"拼字"，即把结合词组中的两个词或词中的两个词素分开来间错使用。"山重水复"是"山水""重复"两个词的间错应用；"柳暗花明"是"花柳"与"明暗"的间错使用。音节对称，朗朗上口，增强语言感染力。

### 3.12.3　艺术之镶嵌修辞

（1）《林道福音书》　封面设计

《林道福音书》的封面装饰着珍珠、蓝宝石、绿宝石、石榴石和金饰，书封制作于查理曼的孙子在任期间（840—877），钉在十字架上的耶稣四周围满正在哀悼的人物，书封预示耶稣复活。封面采用在金属片背面将人物形态敲打成浅浮雕状的凸纹工艺，如图 3-12-2。封面起到保护书籍内页的作用，而封面装饰品起到装饰作用，华丽的装饰并不影响封面的基本使用功能，属于镶嵌修辞手法中的镶字。

（2）装饰印花设计

在设计作品中可以理解为一些产品上的印花或雕花，不影响产品本身的使用功能，仅是作为装饰来点缀产品，或单纯的仅是赋予产品文化意味（图 3-12-3）。很多文创产品的装饰性花纹，像是印在扇面和杯壁上的纹样，不影响扇子和杯子本身的使用功能，仅仅起到美观和增加其产品文化附加值的作用，就是所说的镶嵌中镶字的修辞手法。若把特定的字符或印花换成特定的某一元素，且这个元素会承载一定的功能，起到一定的作用，能对作品起到至关重要的润色作用，则为嵌字修辞手法。

图 3-12-2 《林道福音书》

图 3-12-3 装饰印花

## 3.12.4 设计之镶嵌修辞

（1）清代手镯　工艺品设计

棋楠香嵌金珠寿字手镯由棋楠香制成，手镯的内圈嵌金，外圈嵌有小金珠制成的圆、长形的"寿"字，镯口边装饰有金累丝乳丁纹，如图3-12-4。手镯上的装饰属于"镶字"一类，这些装饰的存在与否并不影响手镯的性质。附加这些装饰，使手镯本身变得更加精致华贵，价值得到提升。图3-12-5中的错银镶嵌寿字纹沉香手镯也与棋楠香嵌金珠寿字手镯同理，即使没有"寿"字镶嵌于手镯之上，手镯仍具有基本的佩戴功能，但镶嵌了错银"寿"字，锦上添花，手镯的艺术价值骤然提升（图3-12-5）。

（2）免滴马克杯　产品设计

Kim Keun Ae设计的免滴马克杯的外壁下部镶嵌了一圈细小的沟壑，不小心外溢的少量茶水或咖啡会顺着杯壁流进并储存在沟壑里，确保桌面整洁（图3-12-6）。产品也因此有了"免滴马克杯"这个名字。杯子外壁镶嵌的一圈细小沟壑起到至关重要的作用，如果没有这一圈细小沟壑，那这个杯子与其他马克杯无异。嵌字的修辞手法，在不破坏杯子整体的前提下，运用设计巧思，通过镶嵌的手法解决设计痛点，使得马克杯的价值提高。嵌字的方式把杯子外壁镶嵌的一圈细小沟壑变成了设计亮点。设计师仔细观察生活中的微小细节，设计出的作品予以使用者方便，获得交口称赞的同时又吸引了更多的消费者，因此形成设计叙事的良性交流模式。

（3）Skelton系列餐具　产品设计

佐藤大为比利时品牌Valerie Objects设计的一整套可以

图 3-12-4 棋楠香嵌金珠寿字手镯

图 3-12-5 错银镶嵌寿字纹沉香手镯

图 3-12-6 免滴马克杯

叙 述 性 设 计 的 修 辞

挂的餐具，在餐具头部与柄部相连的地方设计出一个凹槽，如图 3-12-7。通过这个凹槽，实现它们安放的功能，极大提高了产品的可使用性和人性化特点。餐具本身的变形和凹槽设计是一种"嵌字"的修辞，凹槽设计无形中引导使用者把餐具"挂"在杯沿或碗沿，起到固定作用，画龙点睛。在使用过程中，凹槽起着至关重要的作用，成为该餐具的设计亮点。

图 3-12-7　Skelton 系列
餐具

### （4）卢浮宫玻璃金字塔　建筑设计

贝聿铭先生设计的卢浮宫玻璃金字塔，如图 3-12-8，是修复后的卢浮宫美术馆入口，用玻璃材料将普通的几何形态以现代极简的形式组合起来，在保障地下设施提供良好采光的同时，透过玻璃可以看到巴黎的天空阴晴变化，创造性地将这座极具现代感的建筑以嵌入的方法融入周围具有悠久历史的古建筑群中。将镶嵌修辞运用到设计中，在材料的选择上大胆创新，弃用混凝土而选用玻璃和金属结构进行框架搭建；玻璃元素的运用在一定程度上给人以若隐若现之感，丝毫不影响周围建筑群，在光影同玻璃的相互作用下为原本沉闷的建筑带来一丝活力和生机。玻璃金字塔是现代技术和历史建筑的完美结合。玻璃金字塔结合周围环境发挥实际作用，并非仅为装饰，故属于镶嵌修辞手法中的嵌字修辞。

图 3-12-8　卢浮宫玻璃金字塔

## 3.13 拈连

### 3.13.1 拈连修辞的概念

在同时叙述甲乙两个事物时，把适用于甲事物的词句顺势拈来，用于形容乙事物。从形式上看，可以分为以下两种情况：第一，同一词语先后叙述甲乙两个事物；第二，语法常规中，一个词语适用于叙述甲事物，而不适用于乙事物，但文本却用该词句修饰乙事物。第一种情况是正常组合，第二种情况是超常组合。正常组合中的拈连词多表具象及本义，超常组合中的拈连词多表抽象及引申义，如图 3-13-1。

图 3-13-1 拈连修辞手法图示

### 3.13.2 文学之拈连修辞

(1) 江南的雨淅淅沥沥地下了好几天，雨点敲打着坑坑洼洼的青石板 ……也敲打着我的心。

——廖敏烨《小桥流水人家》

在文学语言表达上，拈连词在前，拈体在本体之后，本体与拈体随着甲乙两个事物相继出现。如例句中"敲打"为拈连词，对应前后两事物，秋雨敲打着窗是人们视觉可察的实在物，此时窗是本体；后一句秋雨敲打着心是较为抽象的，常形容心理变化，此时的心为拈体。拈连的修辞手法将看似不合逻辑的表达合理化，在表达上随着甲乙事物的组合拈连，在呈现上由具象到抽象变化，秋雨敲打窗户同指人物心理感受，从而赋予"敲打"更多的引申意义。

(2) 他飘飘然地飞了大半天，飘进土谷祠，照例应该躺下便打鼾。

——鲁迅《阿 Q 正传》

"飘"和"飞"都不是形容人的词语，但作者却用于描写阿Q在调戏小尼姑之后洋洋得意的状态，拈连词的超常组合使文本中对于所表现人物的描述变得生动而贴切。

### 3.13.3 艺术之拈连修辞

《油脂椅》 装置艺术设计

博伊斯的作品《油脂椅》（图 3-13-2），在一张普通的椅子上堆积动物油脂，利用油脂所产生的温度变化，通过材料本身的暖性特质，使人产生解剖学、心理现象等联想，从

图 3-13-2 《油脂椅》

而达到触摸人类温度的体验，是构建暖性社会的代表性象征。在木椅子上堆叠的一块油脂，"油脂象征着死亡与再生，以及怜悯的可能"。油脂虽无活力，但可以转换成无穷的能量；椅子是躯体或人的隐喻。油脂独有的可塑造性、暖性特质以及其所象征的能量通过拈连修辞手法从艺术层面升华到构建暖性社会层面。

### 3.13.4　设计之拈连修辞

（1）减肥药　平面广告设计

图 3-13-3 中减肥药广告海报以两位肥胖症患者为主人公，他们太胖了，以至于快要崩开衬衫的扣子，海报中间弹窗显示"设备已满"（error_full device）和"存储空间不足"（NOT ENOUGH SPACE）字样，暗示应该清理掉一些多余的"垃圾"，把多余的脂肪比作垃圾。海报名为"Take away

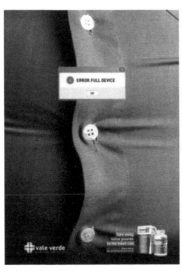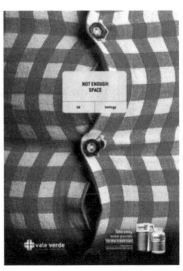

图 3-13-3　减肥药广告

some pounds to the trash can"，我们常说将一些垃圾扔进垃圾桶，这里将一些"磅"扔到垃圾桶，也就是把体重计称重后显示的"磅"数比作了垃圾。运用拈连的修辞手法，把本来只适用于"垃圾"的词语拈来用到"磅"上，传达出广告本意即吃了这款减肥药，减肥就像扔垃圾一样简单轻松。

（2）博山炉　产品设计

在设计语言表达上利用事物间的巧妙相互关联，引起人们的联想，引发感悟，丰富设计语言，更新用户的感官体验。图 3-13-4 中的博山炉是一款雕刻有山峦、云气等图形的山形熏炉。观其外形水滴状的炉体，上尖下圆的造型，似一座险峻神秘的高山，重峦叠嶂环绕其间。把拈连的修辞技巧融入设计叙事中，一方面，熏炉作为本体，山峦作为拈连词，贴切形象地传达出熏炉形态似峰峦这一特点；另一方面，烟雾为拈体，焚香时烟雾在博山炉间隙缥缈缭绕，好似一团仙气笼罩山峦，仙人盘踞其中，体现出汉代人对"羽化升仙"的痴迷追求。在叙事性设计中融入拈连的修辞技巧，将人们实际可察觉的实在物同缥缈虚无的抽象事物连接在一起，赋予产品更多的引申意义，在叙述时，以设计巧思替代文字语言呈现，用设计语言和修辞技巧增加产品的情趣和感染力。在叙事性设计中通过修辞技巧的辅助更自然地传达设计者的思想情感，传递给用户以主题明确的叙事设计理念，从而形成一套完备的叙事交流模式。

图 3-13-4　博山炉

# 第 4 章

修辞

我闻

## 4.1 比喻

### 4.1.1 比喻修辞的概念

通常比较完整的比喻句包括三个部分：本体、喻词和喻体。运用比喻，可以把陌生的东西变成熟悉的东西，把深奥的道理浅显化，把抽象的事理具体化、形象化。[1] 常见的比喻类型有明喻、暗喻和借喻，如图 4-1-1。叙事性设计中，比喻修辞手法的运用能够更好地帮助观者理解新事物，通过二者之间熟悉的特征产生共鸣。

【1】谭学纯等.汉语修辞格大辞典 [M].上海：上海辞书出版社，2010：1-6.

图 4-1-1　比喻修辞手法图示

### 4.1.2　文学之比喻修辞

（1）地上的热气与凉风搀合起来，夹杂腥臊的干土，似凉又热；南边的半个天响晴白日，北边的半个天乌云如墨，仿佛有什么大难来临，一切都惊惶失措。

——老舍《骆驼祥子》

这段话中出现了两处明喻，是一个明喻句中包含了另一个明喻句。一是"乌云如墨"，"如"作为明显性喻词出现，将乌云的黑比喻成如墨水一般，十分生动形象；二是"乌云如墨，仿佛有什么大难临头"，"仿佛"作为明显性喻词出现，将变成黑墨的天空比作大难来临前的黑暗，渲染出压抑紧张又黑暗的环境氛围。

（2）等到灯火明时，阴阴的变为沉沉了：黯淡的水光，像梦一般；那偶然闪烁着的光芒，就是梦的眼睛。

——朱自清《桨声灯影里的秦淮河》

这段话中出现了一处明喻和一处暗喻，"像"和"是"二字分别为明显性喻词和暗示性喻词。一是将"黯淡的水光"明喻为梦，二是将"闪烁的光芒"暗喻为梦的眼睛。将水光的黯淡与梦的阴沉，二者联系起来，表达出作者忧郁悲伤的心理，而忽闪忽闪的光芒就如眼睛一眨一眨，二者之间形象贴切。

（3）佣者笑而应曰："若为佣耕，何富贵也？"陈涉太息曰："嗟乎，燕雀安知鸿鹄之志哉！"

——司马迁《史记·陈涉世家》

这段话中没有直接出现本体和喻词，采用的是借喻的修辞手法。陈涉将自己借喻为"鸿鹄"，将佣人借喻为"燕雀"，表现出自己有着鸿鹄般高远的理想，像燕雀这样的小鸟是无法理解的。借喻的修辞手法相较于明喻和暗喻不引人察觉，需要读者自己将其一一对应，行文内容结构上更为简洁。

---

## 4.1.3　艺术之比喻修辞

《动物的命运》　布面油画

这幅画带有一种强烈的、破坏性的活力，以红、蓝、绿三原色为主，画面表达的内容是森林被破坏，动物们四处逃窜，如图4-1-2。这是画家马克尔关于即将到来的战争的想法，这一切就好比是一场战争中，天空中硝烟弥漫，地上枪林弹雨，人们惊慌失措，纷纷抱头鼠窜。比喻修辞手法的运用，使得这幅画的内涵更为丰富，动物悲惨的命运殊不知竟是人

图 4-1-2 《动物的命运》

类自己的命运，引发观者对动物的遭遇、对战争的残酷产生新的思考。

## 4.1.4  设计之比喻修辞

（1）福特汽车  平面广告设计

这幅福特汽车海报设计上运用了比喻的修辞手法。海报叙述的内容是一只张牙舞爪的巨型章鱼，其头部化成汽车轮胎在山路上疾驰，如图 4-1-3。从比喻修辞手法的结构来看，本体为汽车轮胎，喻体为章鱼的腕足，二者有着本质的不同；从喻义上来看，章鱼的腕足上有大量吸盘，能牢牢吸附在物体的表面，这与汽车轮胎强大的抓地力又有着相似之处，合乎比喻修辞手法定义。因为比喻修辞手法的运用，海报的画面更加具有想象空间和戏剧性：章鱼怎么会在山路上疾驰？观者对福特汽车轮胎强大的抓地力留下了深刻印象。

（2）奥林巴斯相机　平面广告设计

　　奥林巴斯相机这幅海报设计运用了比喻的修辞手法。海报分为一幅全景和两张局部细节图，叙述的内容是一只金钱豹被困在一个外观似相机的牢笼里，如图4-1-4。从比喻修辞手法的结构上看，本体为相机，喻体为牢笼，二者本质并不相同；从喻义上看，牢笼代表着枷锁能捕捉猎物，这正和相机拍照捕捉有相似之处，符合比喻修辞手法的定义。在这幅海报设计中，比喻修辞手法的运用在一开始给观者设置了悬念，为什么豹子被关在笼子中？观者稍加思考，见到相机的造型后便能恍然大悟。将牢笼比作相机，说明该相机能捕捉到逼真的豹子的相片，体现了该品牌相机卓越的性能。

（3）Beans & Beyond 咖啡　平面广告设计

　　Beans & Beyond 咖啡广告设计中运用了比喻的修辞手法。海报的叙述内容中主体是一只猫头鹰，猫头鹰的身体由咖啡豆摆成，猫头鹰的眼睛用两杯浓浓的咖啡所代替，如图4-1-5。从比喻修辞手法的结构上看，本体为咖啡，喻体为猫头鹰，二者在本质上并不相同；从喻义的角度上，猫头鹰在黑夜里十分精神，与 Beans & Beyond 咖啡的提神功效有着相同的喻义，符合比喻修辞手法的定义，向观者传达出喝了 Beans & Beyond 咖啡之后保准晚上跟猫头鹰一样精神饱满的喻义。这幅海报的喻义一目了然，观者一下子就能接受认同。

（4）拉链船　产品设计

　　船在水面航行留下的轨迹十分像被拉开的拉链，于是便有日本设计师铃木康广关于拉链船的设计，如图4-1-6。大小不一的船被设计成拉链的样式，在水面航行就如同用水拉

图 4-1-3　福特汽车

图 4-1-4　奥林巴斯相
机

图 4-1-5 Beans &
Beyond 咖啡广告

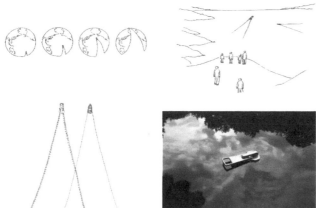

图 4-1-6 拉链船产品
设计

叙述性设计的修辞

开链子一般。这样脑洞大开的设计，却给观者留下了深刻的印象，比喻修辞手法的运用使得作品更添一份活泼的氛围，船航行在水面留下一层层涟漪，仿佛给观者拉开了另一番新的"视界"。

（5）格伦特维教堂　建筑设计

格伦特维教堂位于丹麦的哥本哈根。该教堂是为了纪念丹麦神学家、作家和诗人格伦特维而建造，是为数不多的表现主义风格的教堂，因造型像管风琴而被称为管风琴教堂，如图4-1-7。管风琴作为世界上体积最大的乐器，在西方宗教，尤其是基督宗教的弥撒仪式上较常使用，多与教堂或歌剧院同时建造。格伦特维教堂为本体，管风琴为喻体，二者本质并不相同，但教堂和管风琴本身有着密切的联系，代表着庄严肃穆，烘托出古典的艺术宗教氛围。比喻修辞手法在建筑上的运用，不仅增强了建筑本身叙述的表现力和感染力，更让观者印象深刻，不由得不去探究其背后的建筑设计及人文思想。

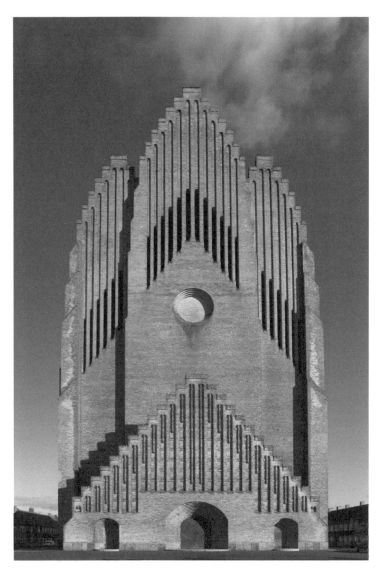

图 4-1-7　格伦特维教
堂

　　　　叙 述 性 设 计 的 修 辞　　　　————

## 4.2 比拟

### 4.2.1 比拟修辞的概念

比拟分为两大类。一是拟人，临时赋予物以人的某种品格。二是拟物，故意把人当作物来写，或把此物当作彼物来写，包括把非生物当生物来写，把生物当作非生物来写，把抽象事物当作具体事物来写[1]，如图4-2-1。在设计语言中不管是运用拟人还是拟物的修辞手法，其设计出的产品或显性或隐性地带着拟人化或拟物化的特征，使之更具自然亲切之感。

【1】谭学纯等.汉语修辞格大辞典 [M]. 上海：上海辞书出版社，2010：50.

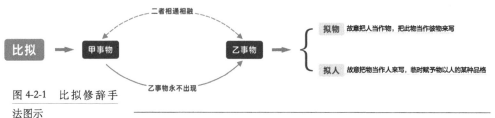

图 4-2-1　比拟修辞手法图示

### 4.2.2 文学之比拟修辞

（1）树缝里也漏着一两点路灯光，没精打采的，是渴睡人的眼。

——朱自清《荷塘月色》

这段话中作者将树缝中的灯光当作人的眼睛来描写。树叶随风摆动，所以透过树缝的路灯光也是忽明忽暗，忽闪忽现，就好比是一个犯困的渴睡人，上下眼皮相互打架，一闭一睁。拟人修辞手法的运用使得描写更加生动形象，通过读者熟悉的事物去展开联想，贴近现实，更容易引起读者的共鸣。

（2）小D和妹妹常常没有晚饭吃，将门锁了，把自己焊在礁石上，听潮起潮落，看日沉日升。

——舒婷《梦入故乡》

这段话中采用了拟物的修辞手法，物可以用"焊"，而人不行，这里却故意把人当作物来写，二人常常喜欢躺在礁石上感受海边的景色，用"焊"来强调二人躺在礁石上的频率之多、时间之久，拟物修辞手法的运用，生动地描写出二人对海边风景的迷恋之深。

### 4.2.3 艺术之比拟修辞

猫头人身像 牙雕设计

这座猫头人身像牙雕是欧洲发现的最早的雕塑，由猛犸象牙制成，高度接近 30 厘米，如图 4-2-2。历史学家认为这尊小雕像对于其创作者而言是非常重要的，因为在猛犸象牙上雕刻十分花费很多时间和精力。牙雕猫头人身的造型设计运用了比拟的修辞手法，将人与先祖崇拜的动物形象相结合，塑造出人们想象中的神明。这样似人非人、似猫非猫的形象在现实中并不存在，却反而增加了作品神秘庄严的气息。比拟可以将两者形象巧妙地融合在一起，从而达到新的表现形式和效果。

### 4.2.4 设计之比拟修辞

（1）全球变暖 平面广告设计

该广告采用了比拟中拟人的修辞手法，将北极熊的行为方式当作人的行为方式来描写，像人一样"直立行走"和"穿衣戴帽"，如图 4-2-3。广告叙述的内容中主体是一只北极熊在阳光下行走，他边走边脱下"衣服"，显得十分炎热，反映出全球变暖气候危机下，北极熊及相关生物面临的生存困境。

图 4-2-2　猫头人身像牙雕

图 4-2-3　全球变暖广告

比拟的修辞手法运用到叙事设计中能更好地表达作者意图，如果只是单纯北极熊"去掉"皮毛，观者可能会联想到禁止捕杀野生动物，而不是气候变暖的环境问题。

（2）蚁椅、蛋椅、天鹅椅　产品设计

以上三组产品都为丹麦设计大师雅各布森的设计，分别是蚁椅、蛋椅和天鹅椅，如图4-2-4。很明显从椅子的命名就能知晓，设计师采用了拟物的修辞手法进行设计。从产品的造型语言上就开始叙述起关于自然的故事，蚁椅造型上圆头、蜂腰、细腿，酷似蚂蚁；蛋椅在保持蛋形特征的基础上，给人提供舒适的使用体验和心理感受；天鹅椅的线条优美流畅，椅身由曲面合成材料构成，远远望去就如一只安静的天鹅。正是雅各布森对自然环境和事物细致入微的观察，才使得他的设计作品充满了自然的情愫，使得产品有了生命的气息。用户在使用这样的家具时，也能切身融入"自然"之中，感受设计师传达的情感。

（3）尼斯湖水怪汤勺　产品设计

尼斯湖水怪是流传很广的传说，虽然从来没有人见过水怪的模样。以色列OTOTO设计工作室采用想象中尼斯湖水怪的形象，通过拟物的修辞手法，设计出了一系列尼斯湖水怪的创意家居产品。这套厨房生活用具包括漏勺、汤勺和茶漏。水怪的长颈就是勺柄，眼睛是挂孔，肚子上的花纹是漏勺的小孔，独具匠心，如图4-2-5。当用户将漏勺放置在锅碗时，仿佛水怪又回到了尼斯湖之中，悄悄地只露出一个脑袋，小心地探望着四周。这样有趣的拟物设计让漏勺无论是单纯摆放还是在使用状态下都显得充满生活情趣。

图 4-2-4 蚁椅 蛋椅 天
鹅椅

图 4-2-5 尼斯湖水怪
汤勺

（4）Baby M 摄像头　产品设计

Baby M 摄像头通过图像识别、红外感应灯等技术辅助护理婴儿，一系列的功能可以通过应用程序实现操作管理，例如管理设备工作状态以及跟踪婴儿健康状况等，如图4-2-6。在设计上 Baby M 运用了拟物的修辞手法，模拟了一只栖息在树枝上的小鸟的形态。设备工作时，就仿佛小鸟在枝头歌唱一般。拟物手法的运用使得传统的医护医疗设备不再"冰冷"，而是充满更多乐趣，更容易被用户接受和喜爱。

（5）玛丽莲·梦露大厦　建筑设计

玛丽莲·梦露大厦曾被媒体誉为世界上最性感的建筑，主要原因是其完全由曲线构成的建筑外观摆脱了传统高层建筑中用来强调高度的垂直线条，叙述出了婀娜妩媚之感，如图4-2-7。梦露大厦并不是因它以"梦露"命名才将其归为拟人的修辞手法，而是整座建筑在形态上比拟了女性优雅性感的体态动作。大厦外观在各个角度呈现的效果都不相同，但圆润的曲线将每个空间进行了很好的串联，使观赏者在围绕这座建筑观赏时不会存在间断感，能够完整流畅地捕捉到整座建筑的韵律，好似在欣赏一位风姿绰约的女子缓步行走间不经意流露的气韵。

图 4-2-6　Baby M 摄像头

图 4-2-7　玛丽莲·梦
露大厦

## 4.3 通感

### 4.3.1 通感修辞的概念

　　艺术来源于生活，又服务于生活。通感现象不能脱离人们的日常生活经验和感知，一种感官知觉的触发，随即刺激多重感官的互动。在叙事性设计中，通过运用通感这一修辞手法，将人们从单一感官的感觉中释放出来，联结五感，使文学表达效果更为打动人心，使艺术作品的呈现更加直观、震撼，使设计作品可以更加清晰地传达设计用意，使用者和设计者产生情感上的共鸣。在叙事性设计中，面向大众的设计基本是基于视觉所产生的联感，如图 4-3-1。

图 4-3-1　通感修辞手法图示

　　而视障者虽因视力的障碍影响其行动、社交、日常生活，但他们在听音辨人、听音辨位等方面都超过常人，触觉、嗅觉、听觉、味觉也比普通人更加灵敏。故针对盲人的设计则基本上是基于触觉从而引发的与其他感官知觉的联想。

### 4.3.2 文学之通感修辞

（1）那笛声里，有故乡绿色平原上青草的香味，有四月的龙眼花的香味，有太阳的光明。

——郭风《叶笛》

　　听到"笛声"由此闻到"青草的香味"同时看到"太阳的

光明"，呈现了听觉、嗅觉、视觉多重感官之间的复合交融，从悠扬的笛声引发嗅觉对清香的感受再到视觉中呈现的光明，不再是枯燥乏味的单一感官体验，取而代之全方位、立体化的多感官知觉的相互转化，营造出一种更为生动、令人动容的画面。

(2) 微风过处，送来缕缕清香，仿佛远处高楼上渺茫的歌声。

——朱自清《荷塘月色》

运用听觉、嗅觉的两感联通，形象地向读者描述微风经过荷塘，拂过荷花的隐约轻柔的状态。恰当地运用通感的修辞手法，将复杂事物简单化。结合人的生活经验，使得表达更加清晰直观，增强语言表现力，更能感染读者。多重感官的相互交融刺激读者，唤起读者感官的觉醒，引发读者联想。

### 4.3.3 艺术之通感修辞

(1)《探索的本质》主题展览

2019 伦敦设计周，OPPO《探索的本质》主题展览，以人与科技的交互发展为题。其中的"OPPO"装置，图形由 O 和 I 两种分形构成，如图 4-3-2 上，当用户将手在 O 形圆圈内顺着边缘滑动时，手滑过的地方灯会亮起，同时发出对应的声音，如图 4-3-2 下，联结触觉、视觉、听觉，通过手的触摸和移动，结合声音来展现光效的变化。在 OPPO 装置中，通过用户的手势触摸、观看光效、聆听音效，实现科技与人的交互互动，而用户的手势触摸、观看光效、聆听音效对应着触觉、视觉、听觉的三感联感，用户通过肢体语言互动和感官互动，可以自如地感受智能科技，在用户与装置作品互动的过程中，消除对智能科技的陌生、疏远感受，设计者的本质意图也逐渐被体现出来。四个 O 形装置分别联结视觉、触觉、听觉三感来诠释人类与科技的智能互动，运用通感的修辞手法，更好地拉近了人与科技的距离。

（2）3D 螺钉浮雕画

　　艺术家 Andrew Myers 的 3D 螺钉浮雕画，画面由 8000 ~ 10000 根螺钉组合制作完成，作品多为人像，通过螺钉的长短起伏变化来表现画面中人像面部的起伏、衣物的褶皱、帽檐的高度等，使盲人以触觉代替视觉感知艺术作品，如图 4-3-3。通过触摸的动作，触觉感知转化为视觉感知，使作品的画面完整呈现在盲人的脑海中。作者以独特的表现形式呈现作品，运用通感修辞手法，使艺术语言的表达更加丰富多样，受众更广泛，使艺术作品充满人文关怀。

## 4.3.4　设计之通感修辞

（1）泰国口香糖　平面广告设计

　　泰国口香糖广告，用白色长方块形状的口香糖拼出两排牙齿的形象，表示咀嚼口香糖这一动态；分别画出桃子和桑葚的具体水果图像来表示口香糖的气味是桃子或桑葚味道，指明了牙齿在咀嚼口香糖后，嘴巴里便可以散发相对应的水果味道，如图 4-3-4，运用了通感的修辞手法，将视觉和嗅觉两种感官感受联结，在眼睛看到海报时便能明白口香糖是白色长方体形状，以具象水果贴切地描述口香糖的气味，在视觉和嗅觉的双重引导下，消费者得以通过设计者所作海报

图 4-3-2　《探索的本质》主题展览

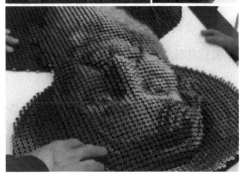

图 4-3-3　3D 螺钉浮雕画

准确把握口香糖产品的气味、性状，从而实现叙述接受者与作者间的双向互动和良性沟通。

（2）可口可乐　平面广告设计

可口可乐广告海报的画面选取打开冰可乐的易拉罐拉环、起开冰可乐玻璃瓶上的盖子和将可乐倒入杯中的三个瞬间来定格，如图 4-3-5。第一张图中，手指拉开拉环，仿佛能听见"嘭"的一声打开易拉罐时碳酸饮料气体喷迸而出的声音；第二张图中，开瓶器打开可口可乐玻璃瓶的瞬间，仿佛能听到瓶盖在下一秒掉落的声音；第三张图中，可乐被倒入杯中时，二氧化碳气泡跳动发出"噼里啪啦"的声音。海报用视觉、听觉的联感以视觉方式呈现出可口可乐开瓶瞬间，画面虽无声音，但通过联想仿佛能听见画面中的声音，也由此进一步联想到可口可乐的清爽口感，通感修辞手法的运用使广告的吸引力大增，继而充分发挥广告作用，使得产品引发消费者追捧。

（3）三明治包装设计

平面广告，尤其是与食品相关的设计中经常运用视味通感，人首先通过视觉对事物的特征进行感知，而后通过生活经验引发味觉感受。视味通感主要通过色彩的味觉仿真和图像的味觉诱导两种表现形式对受众进行心理暗示，刺激受众的视觉和味觉感受。

三明治包装袋设计，如图 4-3-6，包装袋上印有发霉斑点的图像，装进袋里的三明治看起来像是发霉的，联想到发霉食物的恶心气味或口感便没了食欲。也许把这样的一袋三明治放进办公室的冰箱或放到桌上占位置就不会惨遭黑手，

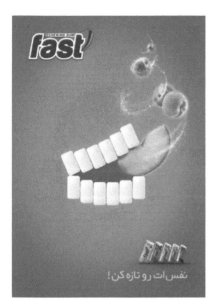

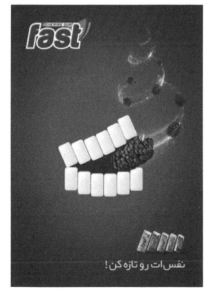

图 4-3-4　泰国口香糖广告

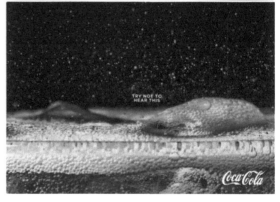

图 4-3-5　可口可乐广告

被陌生人拿走吃掉。运用通感的修辞手法，在感官感受上形成视觉到味觉的移转，观者把对霉斑的视觉感受转化为味觉上对发霉食物的厌恶，从而达到设计者的目的，实现三明治包装袋的设计价值。

图 4-3-6　三明治包装袋

（4）长野奥运会节目册　书籍设计

　　原研哉为长野冬季奥运会开幕式设计的节目册，选用一种材质松软的白纸，以压凹和烫透的表现技法，将文字部分

　　　　　　叙 述 性 设 计 的 修 辞　　　────────

图 4-3-7 长野冬季奥
运会开幕式节目册

设计成凹陷状态，凹陷部分呈现半透明的状态，当用户看到纯白色的纸时可以联想到雪地，触摸压凹部分的文字时联想到冬天在雪地上踩踏从而留下脚印的场景，如图 4-3-7。把雪踏平后，雪不再是晶莹蓬松的状态反而变得结结实实呈现半透明状态，文字部分的表现手法与雪地里踩下的脚印具有相似性，这样的相似性极易引发拥有相同生活经验的人产生同感。运用通感的修辞手法，将生活中的所见所闻所感融于设计，使设计具有趣味性，人们对于冬季的记忆与感受跃然纸上，呼应冬运会主题的同时，用户对设计师的设计初衷一目了然，并产生情感上的共鸣。

（5）樱花杯　产品设计

日本设计师坪井浩尚在 2007 年设计的樱花杯，是希望将樱花的浪漫停留在桌面上。玻璃杯的底部设计成精巧的樱花形状，将倒入冰水的玻璃杯放置于桌面时，盛冰水的玻璃杯底部与正常温度的桌面接触，凝结的水汽便能在桌面上留下一朵朵盛开的樱花形状的水印，给人带来樱花淡雅美好的视觉感受，如图 4-3-8。通过运用通感的修辞手法，视觉上可见的留在桌面上的樱花水印，引发用户在心理和脑海中对樱花的联想进而生发出对樱花淡雅芬芳气息的嗅觉体验，使喝水的过程变得有趣，让用户心生愉悦。樱花的文化和风情赋予樱花杯独特的价值，设计师通过樱花杯这一产品，以水印的方式留住樱花的具态形象，樱花水印引发使用者在视觉与心理上的通感。设计者意图被理解的过程引发出更多用户的主观感受，通感修辞手法的运用丰富了设计的情感表达，在叙事性设计中起着至关重要的作用。

图 4-3-8　樱花杯

（6）Alessi 水壶　产品设计

通感设计基于生活中人的亲身体验和经历以及对产品人性化的关注，在审美活动中把人们的视觉、听觉、嗅觉、触觉、味觉 5 种感觉器官相互联结，相互沟通和转化。在产品设计中，设计师往往结合产品的使用场景，利用拟人化、动物化的形态、抽象的装饰语言带给用户一种亲近感，营造出一种相似性。1985 年问世的 Alessi 小鸟水壶，最突出的特征是在壶嘴处有一个挥动翅膀的小鸟形象，当壶里的水烧开时，蒸汽喷涌使壶嘴处的小鸟发出叫声，如图 4-3-9。水壶壶嘴处可以发出悦耳叫声的小鸟，突破了人们对水壶基本形状及功用的传统认知。在每个早晨烧开一壶热水后，"小鸟"的"鸣

图 4-3-9　Alessi 快乐鸟
水壶

叫"可缓解使用者早晨的紧张困倦情绪，让使用者一整天心情愉悦，升华了早餐体验的性质。鸟语花香的环境是普遍认可的心仪环境，而把"鸟语"放置于壶嘴之上变成了提醒使用者"水烧开了"的信号，与水壶的功能做了很好的结合。壶嘴"挥动翅膀"的小鸟形象与小鸟的"悦耳鸣叫"，形成视觉和听觉双重感官上的通感修辞，使用者使用过程感受愉悦。

(7) Layered 音响　产品设计

Layered 是一款蓝牙音响，在播放歌曲的同时，用户可以从视觉上看到透明底盘的渐变色彩，透明底盘色彩上渐变的效果使音响的设计富有动感，如图 4-3-10。将通感的修辞手法运用在产品设计中，音乐节奏与光效变幻同步，从听觉到视觉，用户的感官感受逐层递进，丰富情感体验，提升产品说服力。用户作为叙述接受者享受到视听同步的双重感官刺激，在感觉的转换上更为生动自如。产品作为叙述者以光效和播音功能成为沟通设计者与用户的桥梁，三者间形成交流与互动，以此传达和反馈信息。

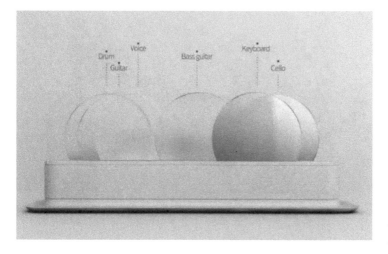

图 4-3-10　Layered 音响

(8) 梅田病院　VI 设计

梅田病院的受众主要为产妇和儿童，医院最大的特点在于院内标识多用白色的棉布，如图 4-3-11。在视觉上，白色给人以平静、洁净的感觉；在触觉上，棉布的温暖柔软触感给人带来舒适放松的感受，缓和人对医院冰冷恐惧的刻板印象。对视觉和触觉两种感官感受的双重唤醒，在病人与医院的交流和互动过程中，可缓解病人就医时不安的情绪，还能增加对医院的信任感及好感。

(9) 盲人茶具　产品设计

盲人茶具的设计，为视障群体在泡茶过程中经历的不同阶段做出相应的触觉、听觉提醒，使泡茶的程序实施起来更加容易，如图 4-3-12。茶具由带有计时器的壶盖、装茶漏网、壶体三个部分组成，壶体外壁配有盲文刻度，加注热水时，盲人可结合刻度清楚地了解浮标的变动高度，并以此确定加注水量；将茶叶放入漏网后，根据茶壶盖子上的盲文刻度，

图 4-3-11　梅田病院

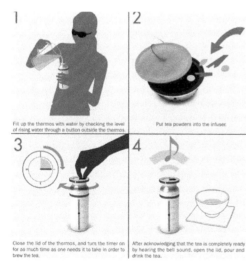

图 4-3-12　盲人茶具设计

旋转选择相应冲泡时间，最后盖上盖子设置时长。计时结束后，计时器语音提醒用户结束泡茶过程。设计师在针对视障人群进行茶具设计时，需要站在视障者的角度去体验设计，拆分具体体验问题，简化细节，让用户获得快速反馈，茶具中结合触觉、听觉这两种感官感受，设计充满人性化。设计师在设计过程中考虑全面，打消用户对于程序响应的疑惑，从而让操作变得简单，流程变得顺畅。

　　　　　叙 述 性 设 计 的 修 辞　　　────────

## 4.4　移情

### 4.4.1　移情修辞的概念

由于移情中事物的特性是人的主观情感赋予的，所以移情多用"觉得、感到、似乎、好像、变得"等主观性很强的词语。把主观情感赋予客观外物，使客观事物具有和人的情感相似的非寻常特性，如图4-4-1。叙事性设计中，移情修辞手法的运用使得设计师更加强烈地抒发情感，贴近刻画的形象，丰富的感染力能给观者留下深刻印象。

图4-4-1　移情修辞手法图示

### 4.4.2　文学之移情修辞

（1）国破山河在，城春草木深。感时花溅泪，恨别鸟惊心。

——杜甫《春望》

诗人在诗的后两句运用了移情的修辞手法，花开鸟叫本是自然界的现象，是没有人的情感的，但诗人却借景抒情。感叹国家遭逢丧乱，花朵溅滴悲伤的泪；痛恨一家流离分散，鸟儿叫唤惊动忧愁的心。

（2）待到母亲叫我回去吃晚饭的时候，桌上便有一大碗煮熟了的罗汉豆，就是六一公公送给母亲和我吃的……但我吃了豆，却并没有昨夜的豆那么好。

真的，一直到现在，我实在再没有吃到那夜似的好豆……也不再看到那夜似的好戏了。

——鲁迅《社戏》

"我"在第二天失去了昨晚的兴致，便觉得六一公公特意送来的豆不如"昨晚"那么好了。这里"豆"的味道是随着"我"的主观情感变化转移的。童年的欢乐对于"我"来说是宝贵的，所以直到如今"我"也再没吃到"那夜似的好豆"，看到"那夜似的好戏"。

### 4.4.3 艺术之移情修辞

（1）《呐喊》　纸板蛋彩画

蒙克创作的《呐喊》，其画面中心是一个在血红色天空背景下扭曲惊恐的人的形象，如图4-4-2。画作中扭曲的线条，与笔直的栏杆形成强烈的对比，蒙克将内心的惊恐、孤独淋漓尽致地倾注到画面之中。画家通过色彩、物态、笔触等方式将自己内心的情感移情于画面之中，观者通过感官接受画面信息，感受作品饱含的情感。

（2）阿努比斯　雕塑设计

阿努比斯的形象胡狼头人身，是古埃及神话中的死神，如图4-4-3。胡狼常常会跑去墓地寻找暴露在外的尸体，所以人们向它祷告，祈求保护亡者。这其中便运用了移情的修辞手法。上层统治者通过对阿努比斯形象的描绘，让民众对王权与亡灵更加心存敬畏。

图 4-4-2 《呐喊》

图 4-4-3 阿努比斯

## 4.4.4　设计之移情修辞

（1）流浪动物海报　平面设计

图 4-4-4 为流浪动物基金会公益广告设计，画面中以独特的视觉元素——流浪狗向人们传递保护动物的主体思想。画面中流浪狗们通通衣着华美的服饰，它们优雅、贵气并且生活不愁，好似生活在上流社会的宠儿，同时也隐含了现实生活中每一只流浪狗也并非如此，它们可能流落街头、忍饥挨饿、居无定所。设计师影射出流浪动物们的艰难处境，唤醒人们的同情心和关注。在设计中运用移情的修辞手法，增强了作品的感染力和冲击感，唤醒人们自我情感意识的共鸣从而直击内心，呼吁人们保护流浪狗的同时拒绝不负责的行为。

（2）"霸下"石雕　建筑设计

古人对神兽寄托不同的情感，有希望能帮助驱鬼辟邪、消除灾病的，有希望能辨是非、识善恶忠奸的。霸下作为中国古代传说中的神兽之一，龙首龟身，能驮重物，如图 4-4-5。在古代传说中，霸下常背起三山五岳祸乱人间，后来被禹降服，成为其治理水患的得力助手。之后，禹让其背起刻有功劳的石碑，故在中国古代许多的石碑底下都雕刻有霸下。古人将龟能负重的主观思想情感寄托于神兽霸下的身上，让其成为守护碑刻免受破坏的神兽。

图 4-4-4　流浪动物海报

图 4-4-5　霸下

## 4.5 移用

### 4.5.1 移用修辞的概念

　　移用是一种超乎常格的语言现象，也是词语搭配的创造性运用。通过恰当地运用移用修辞，可以以将人的情绪、状态同事物联系起来，不需要耗费更多的笔墨，极简练地把人的情绪、思想、性格鲜明地表达出来，或将事物的形状、本质突出出来，而且使语言出奇制胜，富于变化，饶有情趣。在增强语言的表达效果的同时营造文学意境，从而形成幽默风趣的情调。[1]

【1】吕煦. 实用英语修　辞 = Practical English Rhetoric[M]. 北京：清华大学出版社，2004：159.

　　移用的种类一般有两种：移人于物，就是把原来形容人的修饰语移用于物；移物于物，指的是把形容甲事物的修饰语移用于乙事物，如图 4-5-1。

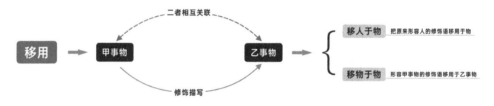

二者相互关联　移用　甲事物　乙事物　修饰描写　移人于物　把原来形容人的修饰语移用于物　移物于物　形容甲事物的修饰语移用于乙事物

图 4-5-1　移用修辞手法图示

### 4.5.2 文学之移用修辞

（1）建筑也是新式，简洁而不罗嗦，会痛快之至。

　　　　　　　　　　　　　　——朱自清《威尼斯》

　　句子中"简洁而不罗嗦"本来是用来形容或评论说话、写文章直截了当、爽快直率的，但在这里形容建筑物造型的简洁、外部装饰少的特点，突出了威尼斯的本质形态，营造出一种别样的文学意境，又使整篇文章的语言增加了幽默的情趣。

（2）叶子底下是脉脉的流水。

——朱自清《荷塘月色》

"脉脉"一词原是形容人含情脉脉的样子，只用眼神或某个不经意的动作委婉地表达情意，在这个句子里"脉脉"却用来修饰"流水"，移物以情，给荷塘增添了一丝烟火气息，婉转的流水在荷叶间流动，想到这样的画面，读者怎能不感到温暖和感动。

（3）他留着浓黑的胡须，目光明亮，满头是倔强得一簇簇直竖起来的头发，仿佛处处在告白他对现实社会的不调和。

——唐弢《琐忆》

"倔强"一般是用来刻画人物的性格，这里却用来修饰"头发"，这种错位移用，表现了鲁迅先生坚强清冷的性格品质和不屈不挠的斗争精神。

## 4.5.3 艺术之移用修辞

《眼睛，一个奇怪的气球升入无垠》 石版画

雷东是法国象征主义画家的代表人物之一，他的这幅石版画作品以恐怖心理故事为原型，绘制了朦胧的诗意梦幻，如图4-5-2。在这幅画的表达中，万事万物都在漂浮滑翔，而此处长有毛发的眼睛被艺术家移用为看似宁静的气球，它离开了地面，仿佛带着神秘的货物升入天堂；而地上原始的植物则具有焰火般的叶片，在可怕阴暗的大海的映衬下微微发光。在这里，移用的修辞方法使雷东的画存在一种随机性，

图 4-5-2 《眼睛，一个奇怪的气球升入无垠》

甚至让我们感觉到突兀。气球跟眼球本不存在任何关系，这种格格不入的画面让我们陷入沉思，眼睛的作用是观察世界，而热气球能飘浮在空中，仿佛这个装置像上帝一样时刻观察着人类。

## 4.5.4　设计之移用修辞

（1）电影《黄金时代》海报　平面设计

图 4-5-3 是平面设计师黄海为《黄金时代》所作的海报"天地"版，整张海报的背景运用了移用的修辞手法，以线为骨，以墨为肉，在素白的大背景上肆意泼洒，用一往情深的线罗织淅淅沥沥的点。这张海报描绘了电影《黄金时代》女主角萧红站在一张用毛笔和墨渲染的宣纸画上，线条或粗或细，或刚或柔，或曲或直，或浓或淡，或长或短，或聚或散，或虚或实，看似潇洒自由的线条，却将传统艺术的笔情墨趣、神韵意境完美融入，画面疏密有致而又意境深邃含蓄。移用的修辞手法不仅体现出这张海报不拘泥于形式的艺术追求，也集中表现了萧红追求自由独立、追求浪漫、向往新生活的精神。

（2）电影《龙猫》台湾版海报　平面设计

这张海报运用移用的修辞手法，将龙猫身上又长又软的毛喻为两个小伙伴一步一步走不尽的无垠的草海，也是整张海报的大部分背景，如图 4-5-4。这移用恰到好处，茂密的草海将小梅和小月衬得好小，似乎随时要陷进去，另一方面又展示出小朋友和龙猫真挚而深情的友谊，温暖、单纯、硕大的龙猫会一直用他温暖的毛守护着小朋友。

图 4-5-3　电影《黄金时代》海报

图 4-5-4　电影《龙猫》台湾版海报

叙 述 性 设 计 的 修 辞 　　　━━━━━━━━

（3）挪威峡湾深处的后现代主义建筑设计

　　混凝土给人的感觉一向是冷冰冰的石头，没有温度，而这个挪威海湾深处的建筑给我们展示了不一样的一面，如图4-5-5。设计师把绸缎柔软顺滑的质感移用到混凝土建筑上，与平时能看到的方方正正、充满棱角的混凝土建筑毫不类似，别具一格。这种移用为之增添了柔软和温暖，与内部暖色的灯光相互衬托，在这片苍茫但绝美的风景路上，让路过的人们内心感到震撼和柔软。

（4）The Barai SPA 酒店　建筑设计

　　位于泰国华欣海边的 The Barai SPA 酒店由泰国建筑师

图 4-5-5　挪威峡湾深
处的后现代主义建筑

Lek Bunnag 打造，如图 4-5-6。整个建筑流露着柬泰风格，大红色的高墙，蜿蜒小径，热带植被，静谧却豪华。在墙面的设计上运用了移用的手法，走廊狭长、幽暗，不设现代照明器具，阳光透过一个个星形的墙洞照射进来，形成一道如幻似真的星光隧道走廊，让人惊叹不已。一颗颗的星星移用到墙壁，作用是为建筑透光，也正好印证了人们对星星的普遍概念：发光，巧妙而生动，也引入了一些佛教的自然理念。

图 4-5-6　The Barai SPA 酒店

　　　　叙 述 性 设 计 的 修 辞

## 4.6　对比

### 4.6.1　对比修辞的概念

　　把两种事物进行对照比较时，被凸显的一方形象更鲜明，给人带来的冲击感更强烈；在对同一事物的两个不同方面对比时，两个方面相互映衬。这里把对比修辞手法分为"两物对比"及"一物两面对比"两类，主要起到强化设计语言、增强表现力的作用，如图4-6-1。

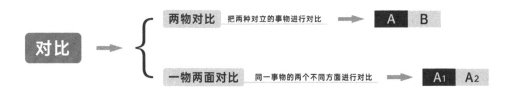

图 4-6-1　对比修辞手法图示

　　在艺术作品或设计案例中，把"两物对比"定义中的"两种对立的事物的对比"拓宽，不局限于两个对立事物之间的对比，把"一个事物与它之外的其他事物产生对比"也归入两物对比范畴。把"一物两面对比"的概念拓展为"事物运用对比这一修辞手法时通过不同方式呈现视觉变化，但本质是同一个物质"。恰当运用对比的修辞手法，有助于突显事物的矛盾，对比这一修辞手法在叙事性设计中可以帮助观者更加清晰地理解事物的本质。

### 4.6.2　文学之对比修辞

　　（1）满招损，谦受益，时乃天道。

——《尚书·大禹谟》

两句名言属于对比修辞手法中的"两物对比","满"和"谦"同"损"与"益"二者是相互对立的关系，把两对矛盾的事物放在一起作比较，进行两物间的对比，让人轻而易举地分辨出好坏，从而达到警醒的目的。

(2) 人固有一死，或重于泰山，或轻于鸿毛。

——司马迁《报任安书》

此句属于对比修辞手法中的"一物两面对比"，句中把"死"比作"鸿毛"和"泰山"，"鸿毛"和"泰山"这两个词都用来形容"死"的价值，"鸿毛"和"泰山"在重量上对比明显，在表达"死"这一件事情的价值上，将"鸿毛"和"泰山"二者进行对比，给人以强烈反差感，以此表现为个人利益而死的价值同鸿毛一样渺小轻盈，转而对比出为人民利益而死的价值重于泰山。

## 4.6.3　艺术之对比修辞

《吻》　布面油画

克里姆特作品《吻》是一幅装饰性壁画，作品表现对象主要是一对在鲜花盛开的草地上热烈拥吻的男女，裹着袍子的男人双手捧起女人的脸并激情献吻，如图 4-6-2。在男人怀中的女人，被男人的袍子半裹，左手握男人的右手，闭着眼睛表现出享受状态。作者在画中大量运用金片、银箔和图案装饰、符号装饰袍子并勾勒出画中女人完整的身体曲线，突出男女为主的视觉中心，与背景形成强烈对比。在开满鲜花的草地上，使用各种金银片、铜、珊瑚等装饰的袍子和着重刻画的女人面庞与无过多装饰的金色背景形成两物对比，通过运用对比这一修辞手法突出了作品主题为"吻"，明确了

图 4-6-2 《吻》

袍子上的装饰图案

女人面庞

背景

视觉中心为披着华丽袍子的男女，使作品充满故事性，引人入胜。占据画面中心的男女在背景的衬托下，吸引着观者的注意力，使观者感受到一种温馨、浪漫、富有激情的生命冲动。通过开满鲜花的草地映衬拥吻男女，使整幅画看起来唯美而轻柔，运用对比的修辞手法使作品的艺术魅力大大提高，让观者得到新鲜典雅的艺术享受，观者通过作品中呈现的画面充分感受艺术家创作作品时激情的心理活动与对爱情炽热强烈的表达。

### 4.6.4　设计之对比修辞

（1）JBL 耳机创意　平面广告设计

JBL 降噪耳机创意平面广告描述的内容为：画面中心的两位聆听者因戴着 JBL 降噪耳机而全然屏蔽了耳边英超联赛两球队教练的激烈争吵，如图 4-6-3。将戴上耳机后惬意聆听耳机内所播放音乐的两位使用者脸上呈现的恬淡表情与耳机外正在激烈争吵的人所呈现的狰狞表情作对比，表现了 JBL 降噪耳机的使用效果，由此传达出：即使周围环境无比嘈杂吵闹，但戴上 JBL 降噪耳机后，使用者都将会屏蔽噪音，沉浸在音乐的世界。用图像的形式，把正在使用耳机的人物形象与激烈争吵的周围人的形象进行两物对比；耳机图像所运用的白色与海报整体所运用的深色形成色彩上的对比，指明 JBL 头戴式耳机这一产品形象，即使远观这一广告，也能清楚地明白该广告内容是耳机这一产品。对比修辞的运用，使产品形象特征鲜明，观者对广告印象深刻。观者通过海报画面接受到耳机使用功能强大这一信息，也正是设计者通过颜色的对比、人物表情的对比凸显的产品降噪这一功能。

图 4-6-3　JBL 降噪
耳机创意平面广告

（2）《蓝雨伞之恋》电影海报　平面设计

　　皮克斯动画短片《蓝雨伞之恋》，讲述的是在下雨天的街道上，蓝雨伞与红雨伞的爱情故事，如图 4-6-4。海报在14 把本质相同的雨伞中通过颜色、形态和数量三个方面分别进行对比，属于"一物两面对比"。运用黑色与鲜艳的红色和蓝色进行颜色上的对比，点明主角是红蓝雨伞；运用黑色雨伞垂直而立的形态与红蓝雨伞相互依偎的动态形成姿态上的对比，突出电影的爱情主题；运用 12 把黑色雨伞与 2 把红蓝雨伞形成数量上的对比，呼应影片中"一见钟情"的时刻来临时，眼中只有彼此，街上行人皆黯然失色。在《蓝雨伞之恋》海报设计中，恰当运用对比的修辞手法，最大限度地展现了影片想要传达的爱情主题，同时对比修辞手法的运用使红蓝雨伞的恋爱形象鲜明，观者清晰地通过海报领会影片主题，设计者所要传达的内容可以被充分理解。

图 4-6-4 《蓝雨伞之恋》电影海报

（3）Angel Bins 鞋子 平面广告设计

鞋子捐募广告运用对比的修辞手法，如图 4-6-5，将长期穿鞋子的都市人皮肤细腻的脚与贫困地区长期没有鞋子穿以至于皮肤变得粗糙不堪的贫困人口的脚作对比，并且用两只脚模拟握手的姿态，告诉观者：可以通过募捐鞋子来表达友好及善意，帮助贫困地区的人，让他们也能穿上鞋子。同样是脚这一身体器官，穿鞋子和不穿鞋子的脚看起来却大不相同，通过对粗糙的脚和细腻的脚的对比，凸显穿鞋的重要性。对比修辞手法在广告中的运用，使广告想传达的意图更加直观，强烈的对比给观者带来视觉上的冲击，强烈的感染力更能打动观者，带来情感上的共鸣。

　　(4)"隙"存钱罐　产品设计

　　"隙"存钱罐可以像书一样放置于书架，如图 4-6-6。但该存钱罐用鲜艳的颜色和无装饰的外观与同样放置于书架中的印有书名、作者的书在视觉上区分开来，形成鲜明对比，让使用者轻而易举地在书架中找到这个存钱罐，此处为两物对比。"隙"存钱罐的整个罐身无其他装饰，只有一条允许硬币穿过的缝隙。这样的对比让使用者把注意力全部集中到它的使用功能上，将硬币从缝隙中投入或倒出，此处为一物两面对比。由于重力和 90°夹角的缘故，将缝隙朝下时，硬币自然地从缝隙中掉落出来。设计师经过推敲和模拟设计出的产品使用户仅通过简单的操作就可以使用，产品的简洁外观和单一功能易被用户接受，以此形成设计师、产品、使用者三者之间的互动。

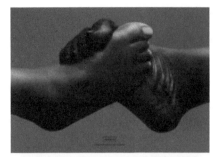

图 4-6-5 Angel Bins 鞋子募捐系列创意
广告

图 4-6-6 "隙"存钱罐

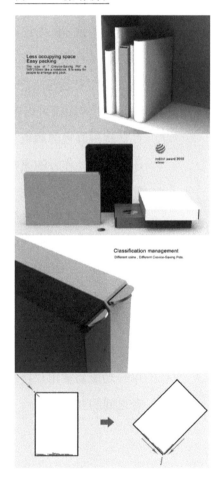

叙 述 性 设 计 的 修 辞

（5）光之教堂　建筑设计

安藤忠雄1989年设计的位于日本大阪的光之教堂没有显而易见的入口和门牌，占地面积不大，教堂的墙面由清水混凝土筑成，如图4-6-7左，外观看起来颇为简朴。清水混凝土的围合使教堂内部环境变得黑暗，而当阳光从墙面上的十字形镂空中照射进来，形成的"光之十字"像是发光的十字架，如图4-6-7右。置身教堂的人们能直观地感受到教堂的神圣与庄严。虽然清水混凝土筑成的教堂墙面简朴无奇，但进入教堂后见到的"圣光"十字架又极具震撼力，在未进入前对教堂的认知与感受和进入教堂后对它产生的感受形成鲜明对比，体验者无不赞叹设计的巧思。

（6）流水别墅　建筑设计

流水别墅是赖特的代表作，如图4-6-8。坐落于在远离尘嚣的宾夕法尼亚州山间，将现代建筑与自然山林深处的流水、树木等自然环境有机结合起来，流水别墅纯白色外观、规则外形的混凝土石板与原有的不规则形状的自然山石形成鲜明对比，使别墅既与自然环境融为一体，又被山间自然环境衬托，诠释了"有机建筑"的概念。流水别墅这一建筑与周围的自然环境形成对比，在自然环境的映衬下流水别墅引人瞩目，使现代建筑不突兀地融于自然环境；运用对比的修辞手法，建筑与环境产生对比，使得建筑更加突出，独特性更强。设计师把设计构思淋漓尽致地体现在建筑中，观者在观摩流水别墅时便能清晰地理解设计师的想法。

图 4-6-7　光之教堂

图 4-6-8　流水别墅

　　　　叙 述 性 设 计 的 修 辞　　──────────

## 4.7 跳脱

### 4.7.1 跳脱修辞的概念

跳脱是在特殊语境中形成的一种语言变态，其作用是真实地表现说话时的情态。它在形式上总是支离破碎的，书写时要用破折号或删节号。恰到好处地运用跳脱，虽然字面不完整却能收到"完整"的情韵，语路不连接却能得到"连接"的效果，使读者得意于言外。[1]跳脱一般分为三种：突接、急收、岔断，如图4-7-1。叙事性设计中，跳脱修辞手法的运用能给设计作品设置悬念，丰富叙事的情节，起到调节情绪节奏的作用。

【1】谭学纯等. 汉语修辞格大辞典 [M]. 上海：上海辞书出版社，2010：431.

图 4-7-1　跳脱修辞手法图示

### 4.7.2 文学之跳脱修辞

（1）晋献公将杀其世子申生。公子重耳谓之曰："子盍言子之志于公乎？"世子曰："不可。君安骊姬，——是我伤公之心也。"

——戴圣《礼记·檀弓上》

这段话的最后"是我伤公之心也"，突接公子重耳说的"言志于公"，与前一句"君安骊姬"不接，产生跳脱。正常语序为"若言我之志于公，是我伤公之心也。"属于跳脱修辞手法中的突接。

（2）他只是拱手过胸，喃喃地说，"承先生指教！承先生指教！"

他忽然又想起，"这不是个很好的机会么？去了两回没遇见，现在他走上门来了。"一种冲动使他随口就说，"上月的……"说到这里又觉得不好意思，便缩住了。

——叶圣陶《饭》

这段中根据前后的内容可知，吴先生咽下"未发的半分薪金见惠"九字。跳脱修辞手法的运用，可以留给读者更大的想象空间，若把有限的几个字补全了，往往反而限制了读者的想象发挥，使得句子含义变得单一。属于跳脱修辞手法中的急收。

(3) 项王即日因留沛公与饮。项王、项伯东向坐。亚父南向坐，——亚父者，范增也。——沛公北向坐，张良西向侍。范增数目项王，举所佩玉玦以示之者三。项王默然不应。

——司马迁《史记·项羽本纪》

这段描写中，破折号中的"亚父者，范增也"为岔断，起到补充说明的作用，向读者解释说明亚父即为范增。由此也突出强调了亚父范增这一人物身份的高贵，在推动情节发展的过程中也起到相当重要的作用。属于跳脱修辞手法中的岔断。

### 4.7.3  艺术之跳脱修辞

(1)《红磨坊》 布面油画

《红磨坊》为法国油画家劳特雷克所创作，其中的人物形象有画家自己和他的好友以及红磨坊的工作者，如图4-7-2。杜贾登、马卡隆娜、塞斯考以及吉柏特等人围坐一圈。画面的远处是劳特雷克和盖布瑞尔，正准备走过舞台，表情冷漠，没有和画上其他人产生多余的交流。而右边前景的这位女士，脸部被前方底部的灯光照亮，表情甚是奇怪，与围坐在一起的人们，形成强烈的对比，反映出了跳脱手法在其中的妙用：看似是一幅画面，却讲述了多个不同场景发生的不同故事，有的处在清醒状态，有的又恍如在梦境之中。

图 4-7-2 《红磨坊》

（2）《秋千》 布面油画

这幅画的作者是弗拉戈纳尔，题材和形式上都表现出洛可可的绘画风格，如图 4-7-3。描绘的是一位少年藏在树丛里偷看小姐荡秋千，而小姐的一只鞋不小心脱落下来，这位少年左手举帽，试图撩向裙底。尽管画面十分细致，花园内树木茂密、花草丛生，让人感到春夏的温暖，但画意的格调却显得低俗，形成跳脱。一方面让观者感受到宫廷贵族画作的流光溢彩，极尽浓艳奢靡，另一方面也反映了当时宫廷贵

图 4-7-3 《秋千》

　　　　叙 述 性 设 计 的 修 辞

族的审美趣味轻佻艳俗。

## 4.7.4　设计之跳脱修辞

（1）印章　产品设计

这是一枚关于"时间"的印章，设计师为日本的铃木康广，如图4-7-4。一般的印章在正面会标识出与背面印刻内容相一致的图案。但这枚印章却有别于传统，印章的正面明明写着"现在"二字，可当使用者按下印章后，却印出了"过去"二字。用户一开始一定会迷惑这奇怪的设计，但转念一想却又豁然开朗起来。这是一枚揭露时间流逝的印章，当你按下印章的那一刻，"现在"便成了"过去"。跳脱手法在这件产品上的运用，不仅增添了作品富有趣味的叙事性，更是让用户深刻地对于"时间"进行思考，赋予作品更多哲学上的内涵。

（2）苏州和氏创意大厦　建筑设计

苏州和氏创意大厦跳脱室内装饰主义的传统风格，室内与室外的空间设计回归到自然本原的思考，如图4-7-5。设计师用钢索将两艘江南水乡常见的小木舟悬吊于建筑内庭院上空，以气为水，仿佛航行于天上而不是水中。大厦室内整体设计简约现代，而大厅装置却是另一幅江南水乡的景色——小船流水人家。置身于此的人仿佛穿梭于时空之间，跳脱手法在室内和景观设计上的运用，让原本只具有现代或传统单一元素风格的建筑多了一番韵味。

（3）郭庄建筑园林设计

郭庄，原名"端友别墅"，建于清光绪三十三年，是杭州现存唯一完整的私家花园，如图4-7-6。其中郭庄的园林设

图 4-7-4 现在 / 过去 印章

图 4-7-5 苏州和氏创 意大厦

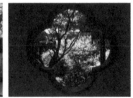

图 4-7-6 郭庄

叙述性设计的修辞

计不失为一种跳脱的手法，园林的入口并不大，并不容易被注意到，但当你踏入门后便是另一番天地，曲径回廊，水榭亭阁。它与别的园林一样设计中运用了"借景"，观者站在远处透过月门时，可隐约见到西湖的美景。跨过月门时，游人的视野瞬间豁然开朗，西湖的美景尽收眼底。跳脱手法的运用平添了游人在参观途中的乐趣，让人对下一处未知的景点充满好奇。

## 4.8 借代

### 4.8.1 借代修辞的概念

借代是借用与本体事物相关的事物名称临时代替本体的一种修辞方式，又称换名、代称，临时代替本体的叫代体。也就是不直接说某人或某事的名称，而借用与它密切相关的人或事物来代替的修辞手法。借代分为两大类，一是旁借，二是对代。旁借即用表达对象的伴随或附属的人或事物的名称来代本称；对代即借用表达对象的相对方面的人或事物的名称代替本称[1]，如图4-8-1。叙事性设计中，借代修辞手法的运用能赋予设计作品更多精神或文化上的内涵，丰富叙事作品的表达。

【1】谭学纯等. 汉语修辞格大辞典 [M]. 上海：上海辞书出版社，2010：59-61.

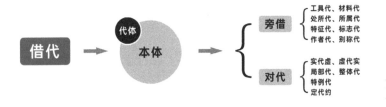

图 4-8-1　借代修辞手法图示

### 4.8.2 文学之借代修辞

（1）纨绔不饿死，儒冠多误身。

——杜甫《奉赠韦左丞丈二十二韵》

这段话中"纨绔"是富贵子弟的标记，"儒冠"是文人学者的标记，诗中各借标志代人。以细绢做成的裤子旁借富贵子弟，以儒生戴的帽子旁借文人学者，属于借代修辞手法中的旁借——标志代，以标志性服饰旁借特征性强，用作代称误解少。

（2）老拔贡的脚丫子迈进了民国，脑瓜子可还留在大清的门槛里，遗老思想、痰迷心窍，一心想教出个状元及第的徒弟，他也好人死留名。

——刘绍棠《瓜棚柳巷》

这段话中"脑瓜子"是具体事物替代了抽象的老拔贡的遗老思想。思想是存在于脑袋中的，虚拟抽象的存在。以脑袋对代思想，让思想以另一种表达形式在文章中出现，增强了文章的阅读性，属于借代修辞手法中对代——实代虚。

## 4.8.3　设计之借代修辞

（1）福特汽车　平面广告设计

福特汽车在这张海报的设计上运用了借代的修辞手法。海报叙事内容的主体是一把福特汽车的钥匙，在钥匙上还有许多建筑的剪影，如图 4-8-2。从借代修辞手法的内容上看属于事物和事物的特征或标记相代。海报在内容上没有直接说出福特汽车可以去到任何地方，而是用与车密切相关的钥匙去代替，使用汽车需要钥匙。这幅海报中用一把车钥匙以小见大，传达了福特汽车的生活理念：驾驶它带你去任何想去的地方旅行。观者在对海报内容留下新奇印象的同时只需稍加思考就能解读出其背后的含义。

（2）曼哈顿系列桌椅　产品设计

这组曼哈顿系列桌椅的产品设计采用了借代的修辞手法。椅背和桌面边角的设计都用长短不一的材料，构成城市天际线的大致轮廓，如图 4-8-3。从借代修辞手法的内容自

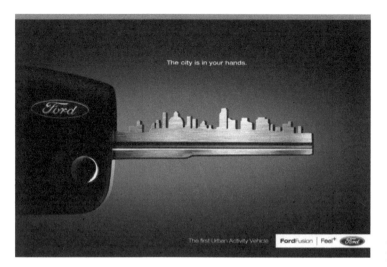

图 4-8-2　福特汽车广告

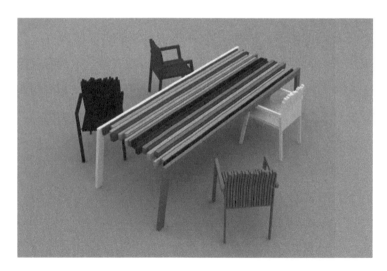

图 4-8-3　曼哈顿系列桌椅

　　　　叙 述 性 设 计 的 修 辞　　　──────────

上属于事物和事物的特征或标记相代。曼哈顿系列座椅的灵感来自于纽约的天际线，参差不齐的桌边和椅背代表着城市高低不同的摩天大楼。借代修辞手法的运用，让用户在使用这组桌椅时仿佛置身于繁华的都市，身临其境，用户能更好地融入设计师所想展现的场景之中。

（3）渡江战役纪念馆　建筑设计

渡江战役纪念馆设计采用了借代的修辞手法。如何在建筑中表现这场伟大的战役，孟建民设计的"渡江战役纪念馆"给出了一个非常有冲击力的答案，如图4-8-4。从借代修辞手法的内容上属于事物和事物的特征或标记相代。建筑师以"战舰"为代体，将"渡江战役"这一抽象概念落实到了建筑的表现形式上。在叙述的过程中，设计师采用简单的几何形体，制造出极度前倾的动势，展现出战舰乘风破浪、奋勇向前的气魄。这样的处理手法比在建筑立面上具象地描绘整场战役要震撼得多，达到了形象与寓意的高度契合。

图4-8-4　渡江战役纪念馆

## 4.9 象征

### 4.9.1 象征修辞的概念

象征是人类文化中一种信息传递的方式，它能借用特定具体的事物，寄寓某种精神品质或抽象事理。[1] 其中具体事物或形象叫作征体，而征体所代表的意义叫本体。在这里，征体与本体之间，不存在直接的相似、相关联系，如图4-9-1。

【1】左思民·论象征的构建及相关问题[J]. 当代修辞学，2012（5）：20-32.

象征一般分为两种：明征和暗征。明征即象征客体、象征义、联系词同时出现。还有一种是暗征，它是象征义、联系词不出现，只通过对象征客体细致的描写，显现、暗示其象征意义。[2]

图 4-9-1　象征修辞手法图示

【2】黄建霖·汉语修辞格鉴赏辞典[M]. 南京：东南大学出版社，1995：548.

### 4.9.2 文学之象征修辞

（1）在老羊圈东面那片底滩上，有一片依稀可见的绿色，虽然绿得不显眼，毕竟是生命和青春的象征。

——刘学江《遥远的沙漠》

其中象征客体"绿色的植物"，象征义"生命和青春"，还有联系词"的象征"同时出现，简洁又明确地表达出了作者想要表达的意思，生命、青春是短暂但却坚强的。

（2）胡马依北风，越鸟巢南枝。

——《古诗十九首》

"胡马"指的是北方的马，因为古代北方多为少数民族；"越鸟"则说的是南方的鸟，在这里都象征着离家的游子。这句诗是说北方的马到南方来打仗但却仍依恋北风，南方的鸟北飞后仍筑巢于朝南的树枝。表达了妇人们希望游子思念家乡和家里的父母、妻儿。

(3) 我蹲下去一看，看到了被水泥块压在底下的一棵玫瑰花，被压得紧紧的，竟从小小的缝间抽出一条芽，还长着一个拇指大的花苞……在很重的水泥块地底下，竟能找到这么一条小小的缝，抽出枝条来，还长着这么一个大花苞，并没有因为被水泥块压着而枯死。

——杨逵《压不扁的玫瑰花》

文章写的是"我"在水泥块下挖出一棵玫瑰花，把它带回家中给姐姐照顾。玫瑰花移植之后盛开绽放，并没有因为之前被厚重的水泥块压着而渐渐枯死。在一般情况下，人们都以玫瑰来象征爱情。但是"玫瑰"在这篇文章中却有特定的象征，代表不屈不挠的精神。

## 4.9.3 艺术之象征修辞

(1)《墨梅图》 水墨画

"吾家洗砚池头树，个个花开淡墨痕。不要人夸好颜色，只留清气满乾坤。"这首著名的咏梅诗为元代画家王冕自题于《墨梅图》上，图中梅花的分布疏密相间，交枝处花蕊累累，枝头处花瓣点蕊简洁洒脱；而枝干则如弯弓秋月，坚韧有力，如图 4-9-2。这幅墨梅图通过刻画冰清玉洁的梅花，歌颂了它顽强的生命力，象征着画家不怕打击挫折，不愿同流合污的高尚情操，又借梅花来比喻自己备受摧残的不幸遭遇，寓意深刻，耐人寻味。

图 4-9-2　《墨梅图》

（2）《电子超高速公路：大陆美国》　灯光装置

这件作品与大量电脑控制的录像频道链接，并由大量显示器构成，镶嵌在美国 48 个大陆州的霓虹灯地图中，快速变换的图像分别与各个州相关。霓虹灯勾勒出监视器的轮廓，象征着五彩斑斓的地图以及汽车旅馆和饭店的迷人魅力，以此吸引美国人前来，如图 4-9-3。不同的颜色提醒我们，即使在当今的信息时代，各个州仍然具有独特的身份和文化。作品赞颂美国的通俗文化，他宣扬：电视即美国，电视实际上就是真实生活，展示了电视界定当地人民生活的力量。该装置建议电子媒体为我们提供过去用来发现的东西，但是实际上电子高速公路是真实的，这就形成了一种象征。美国各个州的状态都通过一个视频剪辑来表示，视频剪辑非常快地运行，以模仿人们如何通过行驶中的汽车看到该国。而以电影和电视的方式来展示，象征了如何形成对不同国家的概念。

图 4-9-3 《电子超高速公路：大陆美国》灯光装置

艺术家将此视频装置称为"电子高速公路"，以表达他对未来的愿景：他设想，由于先进的技术，将来的通信将是无边界的。

（3）light-fragments 发光雕塑

light-fragments 是一款发光的雕塑，不是照明设备，如图 4-9-4。创造过程的第一步是手工雕刻非常薄和透明的白色丙烯酸板，然后把这些丙烯酸板碎片包裹起来，让丙烯酸板碎片像漂浮在透明的丙烯酸立方体中一样。透明的丙烯酸立方体外部是一个 8mm 的铝管，LED 灯在里面排列并扩散，这个狭窄的光通道旨在将光线集中到丙烯酸中，照亮立方体，使丙烯酸板碎片发亮。这款发光雕塑象征了太阳和月亮之间的关系：当月亮发光时，太阳无法被看见。光来源于太阳，这里用铝管内的 LED 灯替代太阳。丙烯酸板碎片接收光，用发光的丙烯酸板碎片象征发光的月亮，实质上月亮反射的是太阳的光亮，但观者只能看见发亮的月亮，没有看到具象的太阳。

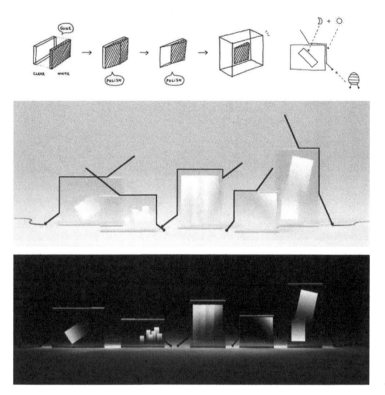

## 4.9.4　设计之象征修辞

### （1）电影《黄金时代》海报　平面设计

　　这是设计师黄海为《黄金时代》做的台湾版的海报：一片羽毛飘落在天地山水之间，它寂静而背景却苍茫，象征着电影的主角萧红孤独地站在水天之际，背景是虚空一片，如图 4-9-5。一片超然脱俗的羽毛在一片若虚若实的景象中，寄寓了设计师对萧红以及那个黄金时代的文人对于精神世界的追求的理解，又象征了电影"胸中有天地，一切都是自由的"这个宏大的哲学思考。羽毛象征着自由，在这里象征着提着

图 4-9-5　电影《黄金时代》海报

行李箱的萧红不知何处可依的孤独，但她却坚持不懈地追求自由，追求心中向往的爱情。

（2）电影《我不是药神》海报　平面设计

这张海报是黄海先生为电影《我不是药神》所作的一张概念海报，如图 4-9-6，它以一个蓝绿色为主色调，描绘了五个人在如同浩瀚星河的世界中乘坐着一只药丸状的船前行，象征着这药是人们活在世上的最后一艘诺亚方舟，载着内心充满绝望的主人公们。故事的主题以"药"展开，聚焦于慢粒性白血病这一罕见病，刻画了在经济窘境与疾病降临产生冲突的情况下，社会底层小人物命运的挣扎。海报通过突出药丸形状的船和站在船上孤苦伶仃漂泊于无边无际的大海上的人，使观者联想到主人公的自我成长和矛盾的缓和解决，延伸了对社会底层人物命运的思考，也使我们不禁讨论：作为平凡人类中的一个，我们应该做什么？

图 4-9-6　电影《我不是药神》海报

（3）瑞士自闭症论坛宣传创意广告　平面设计

如图 4-9-7，瑞士自闭症论坛宣传创意广告，将两只伸向彼此即将要握上的手画成狼和绵羊以及毒蛇和老鼠，用绵羊遇到狼和老鼠遇到毒蛇时产生的恐惧象征自闭症患者遇到他人时产生的恐惧，象征在自闭症患者眼中社交如同面临天敌交锋，表达出自闭症患者对外部世界的恐惧与不安。

（4）MINISO"笼中之光"音箱　产品设计

这个音箱的设计来源于对故宫藏品"木制金漆鸟音笼"的模仿。清朝时有这么一个社会风尚：下自顽童贫士，上至缙绅富户，无不提笼架鸟，徜徉街市。设计师就以此为出发点设计了"笼中之光"音箱，如图 4-9-8。通过旋转顶部笼架开启音箱，调节音量，同时长按机身按钮，开启顶部小夜灯，通过按的次数调节由暗到亮的亮度。光线从笼子内洒出，象征冲破黑暗和冲破牢笼的光明。

（5）Variations of Time 非常规沙漏　产品设计

这是 Nendo 为新的"时变"系列制作的一款非常规沙漏，如图 4-9-9。这款沙漏作品表达了 Nendo 对时间的态度，他说："随着数字钟的出现，沙漏已经从功能性角色转变为传达更多的情感价值，象征着时间观念。"沙漏是由透明的丙烯酸材料制成的，将内部空间进行打磨和抛光。让沙子在沙漏内流动时传达出时间比以前更加自由的感觉。每款沙漏的填满方式都不一样，例如"五分钟沙漏"：两分钟时间到了的时候，沙子填满左边的空间，会自动进入右边的三分钟空间，赋予沙漏新的"时间价值"。Variations of Time 沙漏象征着被自由分配的时间。

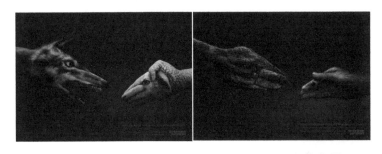

图 4-9-7　瑞士自闭症
论坛宣传创意广告

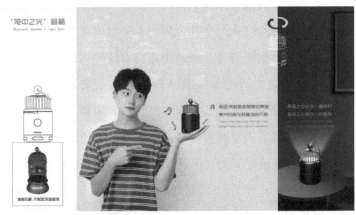

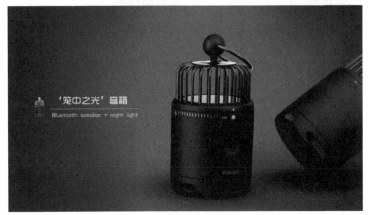

图 4-9-8　MINISO"笼
中之光"音箱

　　　　　叙 述 性 设 计 的 修 辞

图 4-9-9　Variations of Time

（6）萨卡拉金字塔　建筑设计

伊姆霍特普建造了第一座阶梯式金字塔，位于萨卡拉，是当时埃及首都孟菲斯的墓场，希腊语意为"死亡之城"，如图 4-9-10。在这里，它强调了法老与太阳有关的一面：这种建筑形式与法老自称"拉"即"太阳神之子"大致是同一个含义，意味着把自己比喻成太阳。墓葬的朝向象征着法老的陵墓朝着东方的旭日，表示经由太阳日复一日的升落达到永生。现在，这些金字塔的职责是沿着阳光，上升到太阳神那里去，陪伴法老们永不止息、周而复始的重生。金字塔的形态有着宗教和象征的意义，它代表着太阳的光芒或世界初始时的形态，也作为权力等级的象征。它在古埃及人的心中，并不只是坟墓那么简单，它象征了太阳的光线，同时也是帮助法老到达天堂的阶梯。[1]古埃及人认为现世是暂时的，来世

图 4-9-10　萨卡拉金字塔

才是永恒的，而死亡就是开往永生的大门。整体建筑运用象征的手法，抬高了法老们神学上的地位，人民会心甘情愿地臣服。

【1】张爱玲等. 建筑的故事 [M]. 北京：中国书籍出版社，2004：203.

叙 述 性 设 计 的 修 辞

## 4.10　降用

### 4.10.1　降用修辞的概念

降用的特点在于被降用的词语在语义上分量会减轻，而范围也会缩小，甚至常常降到已不是它的本义或常用义，而是由语境临时赋予它的新意义，如图 4-10-1。降用这种修辞多用在政治、军事、战争场合，常常是使用较为严肃、庄重的词语用来描写生活中的平常事。根据此修辞所产生的修辞效果，可将降用分为三类：

图 4-10-1　降用修辞手法图示

一是严肃性降用。被降用的词语语义分量虽然减轻了，范围缩小了，但其严肃的色彩却没有消失。这是表达者为表示郑重，或表示对别人的尊重而故意降用的。

二是幽默性降用。被降用的词语不仅语义范围缩小、语义分量减轻，而且原先具有的庄重意味被幽默风趣所取代。

三是讽刺性降用。被降用的词语不仅语义范围缩小、语义分量减轻，而且被赋予了讽刺性意味。

### 4.10.2　文学之降用修辞

（1）占地近五平方米的拟态蛇园是邵南孙的骄傲，也是他的蛇伤研究所的财库。每周取两次蛇毒，凡取毒的日子，邵南孙都亲自披挂上阵。

——蒋子龙《蛇神》

"披挂上阵"一般用于战争中将军全副武装上阵作战，这里却用它来描写一个毒蛇研究者取蛇毒时的情景，明显降低了词语的语义分量，但词语本身的严肃意味并未丢失，显示邵南孙对取毒工作的认真和重视。

（2）听说省里要从文化局选调一位局长任副市长，文化局的几个头头们各显神通，悄悄搞起了侦察活动。

"侦察"一般用于军事场合，是指为了弄清敌情、地形及其他有关作战情况而进行的活动；而这里的"侦察"则指某些人为了升官而进行的走后门、拉关系的活动，含有揭露官场腐败的讽刺意味。

## 4.10.3 设计之降用修辞

（1）纪录片《舌尖上的中国》海报　平面设计

这张《舌尖上的中国》海报将中国的饮食文化以传统文化皮影戏的方式呈现出来，既包含了带有民族精神的中国味道，又展示了设计师的创新与包容精神，如图 4-10-2。设计师运用了降用的艺术手法，将本是代表传统文化精髓的皮影戏，与中国传统饮食中的包子、粽子、饺子等造型相结合，形成了奇幻的跳动在棍子上的艺术，更新了中国最传统的表演艺术的表现形式，使整张海报给人一种时代的沧桑感，而又展现出一种别具一格的创造性的美。

（2）纪录片《我在故宫修文物》海报　平面设计

《我在故宫修文物》这一部纪录片，展现了文物修复者

图 4-10-2 《舌尖上的
中国》海报

图 4-10-3 《我在故宫
修文物》海报

在故宫的工作和生活，表达了文物与人之间的关系，温情中
透露着历史。如图4-10-3，电影海报也充分展示了文物的精美，
以 6 件国宝级珍贵文物为背景，运用降用的修辞手法，设计
师在每张海报里面藏着一个秘密，就是在这些海报里的文物
残缺处上，都有着一个"工匠小人"，无声处显风雨，无声胜
有声，以一个简单的切入点——通过平凡生活的"微小"处，
讲述传奇文物的"伟大"处。

## 4.10.4　设计之降用修辞

**法国帝国风格座钟　产品设计**

　　这座法国帝国式座钟因以美国为目标市场，所以钟上的
人物雕像是全身戎装的美国总统华盛顿。这里采用的正是降
用的修辞手法，因追求艺术形式的纪念性、宏伟性、严整性
和序列性，所以设计师将钟上的华盛顿塑造得身姿傲然，昂
首挺胸的他"守护"
着小小的座钟，反
而将整个钟衬得宏
伟而壮丽起来。降
用修辞的运用使作
品显得精致和程式
化，军事题材的东
西拿来做室内装饰，
体现使用者不凡的
品位（图4-10-4）。

图 4-10-4　法国帝国风
格座钟

## 4.11 谐音

### 4.11.1 谐音修辞的概念

谐音是利用汉字同音的条件，用同音或近音字来代替本字产生辞趣的修辞格。谐音是注重语音层面的一种修辞方法，同时又和文化密切相关。它在人们的生产、生活中应用广泛，是一个既有趣又复杂的问题。不同的话音组合方式，可产生不同的修辞效果。平仄相间使语言抑扬顿挫，使用韵脚让语言宛曲回环，谐音的使用则会增添语言的诙谐效果。

### 4.11.2 文学之谐音修辞

（1）这也税，那也税，东也税，西也税，民国万税，万万税。

——袁水拍《马凡陀山歌》

在过去，老百姓被压迫、被欺凌，有痛苦或愤怒情绪，却又不敢直接说出来的时候，就会用谐音编歌谣来表达自己的不满。比如，这首袁水拍的山歌里，为了避讳用谐音字"税"，既谐音岁字，又一语双关；既关涉眼前事物，又兼表心中之意。既表万岁之意，也反映了国民政府的"万税"给人们带来的疾苦，又寄托了希望改善之情，由此体现了他的重要性。

（2）杨柳青青江水平，闻郎江上踏歌声。东边日出西边雨，道是无晴却有晴。

——刘禹锡《竹枝词二首·其一》

中国古代的一些诗人为了提高表达效果进而有效地透露信息、传达感情也会采用谐音手法，如刘禹锡的这首诗既表天气又表情意，"东边日出"是"有晴"，"西边雨"是"无晴"，"晴"和"情"谐音。这句话以多变的天气巧妙造成了谐音双关，以"晴"喻"情"，是一种内敛的美，不留痕迹地表现了女子那种含羞不露的细腻感情。

## 4.11.3　艺术之谐音修辞

### 平生三级　中国吉祥纹饰

中国吉祥纹饰源远流长，它们形式多样，内容丰富，通常都是以吉祥语、民间谚语、神话故事为题材，运用多种表现手法，如借喻、比拟、双关、象征等，将图案和吉祥语完美结合，凝结着人们的美好愿望。这个案例一个花瓶里插着三支戟，如图 4-11-1，而旁边放着乐器"笙"，"瓶"与"平"同音，而"笙"又与"升"同意，"戟"与"级"也是谐音，表达了一种吉祥的祝福——平升三级，平安地连进三级官，饱含着希望对方升腾发达的祝愿。

图 4-11-1　平（瓶）生三级

## 4.11.4　设计之省略修辞

（1）掐丝珐琅"太平有象"　工艺品设计

一直以来，大象的形象憨厚可爱、忠厚善良，在全世界都是受欢迎的动物形象，如图 4-11-2。在中国传统文化里，因为"象"与"祥"谐音，所以"象"被给予了更多吉祥的寓意，如以象驮宝瓶（平）为"太平有象"；以象驮插戟（吉）宝瓶为"太平吉祥"；以童骑（吉）象为"吉祥"；以象驮如意，或象鼻卷如意为"吉祥如意"。[1] 所以这个掐丝珐琅就做了一个大象的形状为底座的壶，寓意"太平有象"，深得人民喜爱。

图 4-11-2　掐丝珐琅太平有象（喜象升平）

【1】樊雯．对传统建筑中民居柱础的初研与保护探讨 [J]．重庆工商大学学报（自然科学版），2016（6）：126．

（2）中国联通广告　企业 VI 设计

中国三大运营商之一的联通公司的广告词一度是"让一切自由连通"。1995 年，联通公司标识是由中国古代吉祥图形"盘长"纹样演变而来，回环贯通的线条（图 4-11-3），正是利用了谐音的修辞手法，象征着"联通"，表达了中国联通

图 4-11-3　中国联通广告

作为现代电信企业的井然有序、迅达畅通以及联通事业的无以穷尽、日久天长。标志造型有两个明显的上下相连的"心"，它形象地展示了中国联通的通信、通心的服务宗旨，将永远为用户着想，与用户心连着心。[1]

1　贾佳. 联通公司移动通信业务品牌营销策略分析 [D]. 山东大学，2009：36.

## 4.12  夸张

### 4.12.1  夸张修辞的概念

夸张是为了达到某种表达效果，对事物的形象、特征、作用、程度等方面着意夸大或缩小的修辞方式，以强烈地表现作者对所要表达的人或事物的感情态度，或褒或贬，或肯定或否定，从而激起读者强烈的共鸣，如图 4-12-1。

图 4-12-1  夸张修辞手法图示

夸张通常有三种。一是扩大夸张，为了取得生动幽默效果，往往人为夸大事物特点，使之更高、更强、更快、更多，甚至达到排山倒海、翻天覆地的神奇效果。二是缩小夸张，它与扩大夸张相反，故意把一般事物往小处说，使之更低、更弱、更慢、更少，达到数倍缩小作用。三是在时间上的夸张，这种夸张故意把后出现的事物说成是先出现的，或者把先出现的事物说成后出现的。[1]

在文学中，作者通过将客观的人、事或物的特点，故意用夸张的渲染手法，使它与真正的事实相差很远，以加深读者的印象，这种修辞技巧称为"夸饰"。夸张这种修辞手法在日常的文字生活中随处可见，因为它能使一个再普通不过的

【1】郑阳辉. 汉语"红段子"语言研究 [D]. 湖南师范大学，2012：37.

句子，变得新奇鲜明，使之呈现言过其实、一鸣惊人的效果，从而更容易激起读者的共鸣。使用夸饰修辞必须注意主观方面是出自于作者的情意之自然流露，还有客观方面，当运用夸张这种修辞手法时，其效果不至于会被误认为是事实。

## 4.12.2　文学之夸张修辞

（1）谁谓河广？一苇杭之。谁谓宋远？跂予望之。

——《诗经·卫风·河广》

这首诗运用了夸张中夸大的修辞，诗人向上天发问以宣泄内心的不平——河面并没那么宽广，一根芦苇就可以去到对岸，故国也似乎并不那么缥缈遥远，轻轻踮起脚尖就能望见。夸张的手法突出了游子思乡而不得归的忧虑。

（2）白发三千丈，缘愁似个长。

——李白《秋浦歌十七首》

这里的夸张是对于空间的夸饰，"三千丈"的白发是因愁而生，因愁而长，但此处夸张的表达在现实生活中几乎是不可能发生的。因愁而生的满头秋霜，且长度达到三千丈，这是诗人为了表达他的人生已达知天命之年，但却壮志未酬，人却已老，不能不倍加痛苦的深重愁思之情。

## 4.12.3　艺术之夸张修辞

（1）《威伦道夫的维纳斯》　雕塑

夸张的绘画作品，早已出现在艺术史中。1908 年，考古学家约瑟夫·松博西（Josef Szombathy）在威伦道夫发现了一尊雕塑，后取名为《威伦道夫的维纳斯》，它不是写实派的肖像，而是对当时女性形象的理想化叙述，如图 4-12-2。
她几乎没有清晰可见的五官，艺术家刻意模糊了她的面部表
情；运用了缩小夸张的修辞将细小的两条手臂交叉刻画在她
的乳房上；同时，艺术家作为对比，运用了夸大的手法，将

她的外阴、胸部和腹部刻画得非常明
显、硕大、丰满。整个"两头轻，中间重"
的造型表明在当时，部落群族十分强
调生育能力——用来哺乳和生育的乳
房和腹部的夸张表达。这种修辞手法
运用在这尊雕像上，在现代人看来或
许并不美观甚至不合逻辑，但在当时，
艺术家运用这夸张的对比很好地诠释
了她肥胖的身体在采集社会中代表着

图 4-12-2  《威伦道夫
的维纳斯》

很高的地位，不仅叙述了当时女性崇高的地位来源于明显的
生育能力，也象征了她们的安全与成功。

（2）《斜倚的人体》 石雕

夸张的修辞手法在当代艺术中也显示出神奇的魔力。著
名雕塑大师亨利·摩尔擅长将想象的事务和自己的强烈人道
主义感与内心相结合，将写实形体做一些透空的巧妙处理，
夸张的人体变形和光滑圆润的形体表面，形成了他在雕塑领
域的标志。摩尔以夸张的手法对一位女性形体进行了创作，
他刻意忽略人本身的造型和棱角，使雕塑不像是人为雕刻的，
而仿佛是一块在自然环境中经历了几百万年时光侵蚀的岩石
自然形成的，但是石头仍然保持了自身的材质特性，坚固而
持久，如图 4-12-3。通过夸张的艺术手法，柔和了生命的线

条与张力。

图 4-12-3　《斜倚的人体》

（3）《恩狗画册》　设色纸本册页

现如今，夸张的表现手法在漫画中已经非常常见，例如在当代漫画中，普遍通过对扭曲度、大小比例、表情的符号特征等进行不同程度的夸张，来将众多不同的角色统一在整体的艺术风格中，在整个漫画界形成各种各样的风格。

"艺术的人生化""人生的艺术化"是我国著名漫画家丰子恺的艺术作品，他一生钟爱的创作内容则是古诗新画的意境隽永。图 4-12-4 中的漫画是丰子恺为幼子丰新枚（小名恩狗）所创的套画《恩狗画册》中的一幅，艺术家在记录恩狗日常生活中有趣的小故事时，常用桐乡话记录家乡的儿歌，生动地记录了现实的生活。画中文字写道："三娘娘叫三爹爹不要去坐船，三爹爹板要去，三爹爹翻在河里，骑在大鱼背上回来，他说：叫你勿你板要，拿你好！"画家将这条鲤鱼夸

图 4-12-4 《恩狗画册》

张地画大了，好让三爹爹坐在上面不至于那么危险，尽管他
"不听劝说"非要去"坐船"，但是最后的"结局"却是出乎意料的：
骑在大鱼的背上回来；而画面中，拥有巨大身躯的大鱼跟三
爹爹三娘娘羸弱的身影产生对比，整个画面显得诙谐生动。

## 4.12.4　设计之夸张修辞

（1）"不可能的守门员"户外广告　平面设计

夸张的修辞手法在平面广告中也运用广泛，因为它常可
使设计师放飞思想，做出超出实际的大胆设计，常常让观众
有眼前一亮的感觉。图 4-12-5 中海报主角足球守门员被设计
师描绘成拥有六只手臂的猛将，且每条手臂都宛如摩天轮上
用以支撑的称重架，表示该守门员如同拥有六臂，六臂可以
像转盘一样运转迅速，守门一定会滴水不漏。以夸张的叙述
手法非常巧妙地将摩天轮和守门员的共性相结合，精准地表

达了阿迪达斯想要表达的"不可能的守门员"的想法，带上阿迪这款新的手套，那守门就会像摩天轮的骨架一样，滴水不漏，不让任何一个球进去！

图 4-12-5 "不可能的守门员"户外广告

(2) Purina 狗粮广告　平面设计

狗狗吃到好吃的食物会用摇尾巴来表示。加拿大设计公司阳狮集团（Publicis）为狗粮品牌 Purina 设计的平面广告（如图 4-12-6）中把狗狗尾巴的转动速度夸张成像螺旋桨一样高速运转，甚至两条后腿都被尾巴的快速转动带得飞了起来，后半身体呈现悬空状态，以此表达出狗粮营养而美味，狗狗吃了会很开心，从而吸引顾客。

(3) Xiao Li SS14 系列的大廓形　服装设计

这个大廓形的服装设计是设计师 Li Xiao 从英国皇家艺术学院毕业时的毕业作品。作品除了整体设计保持了用料和颜色的统一之外，夸张地设计为宽大的下摆、蓬蓬的袖子；

图 4-12-6　Purina 狗粮广告

图 4-12-7　Xiao Li SS14
系列的大廓形

她受到当代建筑和品牌"巴黎世家"的影响，创造了一种很不易定型的布料但还能保持定型的服装，展示出柔软材料的另外一种特质。采用硅胶先定出一个造型，由细丝线连接的两层网眼布料，改变了针织布料柔软和不易定型的特点。夸张的艺术手法表达在设计里，包括衣服的造型和这种对材质观念上的转变，使得作品取得了出其不意的效果（图 4-12-7）。

图 4-12-8　BMW700 跑车

（4）BMW700 跑车　产品设计

德国工业设计大师路易吉·克拉尼为宝马公司设计的跑车拥有特别而完美的流线型造型。他不拘泥于功能主义，将空气动力学、仿生学与工业设计结合，以夸张的手法设计出浑身"无处不圆"的车身，将汽车描述成一个柔和而流畅宛如一个椭圆的球体，看起来荒诞又可爱（图 4-12-8）。它既体现了路易吉·克拉尼认为的"地球是圆的，我的世界也是圆的"的设计理念，也以开天辟地式的独特汽车造型征服世界，因此他被称为"设计怪才"。在设计中，夸张手法的运用，契合了克拉尼"阴阳"的审美观，正如他所说："传统相机是长方形的，也就是只有阴或阳，我把它的一条边弯了过来，整个作品就立体起来了，也就是阴阳相合。（图 4-12-8）"

## 4.13 双关

### 4.13.1 双关修辞的概念

在一定的语言环境中，利用词的多义和同音的条件，有意使语句具有双重意义，言在此而意在彼，这种修辞手法叫作双关。在双重意义中，一般有一层隐含的意思，因此双关可以使语言具有含蓄又幽默的特点，加深语义，给人以深刻印象。

【1】谢世坚，朱春燕.隐喻认知视角下《罗密欧与朱丽叶》的双关修辞研究[J].贵州师范学院学报，2014（2）：41.

双关分为语音双关、语义双关和巧合双关三大类。[1]语音双关是指利用词语的音同或音近条件来表达双重意义，语义双关指利用词语同音异义或同形异义的条件来表达双重含义，而巧合双关指巧合地把以前所说的事物或话语与眼前的事物联系起来，言在此而意在彼，如图4-13-1。

图4-13-1 双关修辞手法图示

### 4.13.2 文学之双关修辞

（1）可叹停机德，堪怜咏絮才。玉带林中挂，金簪雪里埋。

——曹雪芹《红楼梦》第五回

两株枯木（双"木"为"林"）上悬着一围玉带，可能寓意宝玉"悬"念"挂"牵死去的黛玉。而"雪"谐"薛"，"金簪"比"宝钗"，意思是一条封建官僚的腰带，沦落到挂在枯木上，是黛玉才情被忽视，命运悲惨的写照；薛宝钗如金簪一般，被埋在雪里，也是不得其所，暗示薛宝钗必然遭到冷落孤寒的境遇。

（2）今夕已欢别，合会在何时？明灯照空局，悠然未有期！

——《乐府诗集》

"悠然"和"油燃"是一组同音词，表明虽然亮着明灯，但却冷冷清清，孤身一人也是徒劳的美景；"期"与"棋"同音，寓意"欢别"之后不知何时才能相见，令人哀怜。这句话用了谐音双关的手法，作者思念爱人而不得的凄美、哀怨之情跃然纸上，观者不由得潸然泪下。

（3）我在四川独居无聊，一斤花生，一罐茅台，当作晚饭，朋友们笑我吃"花酒"！

——梁实秋《想我的母亲》

"花酒"原指有酒女陪伴的酒席，这里作者运用了双关的手法，"花生配酒"寓意"花酒"。此处的双关贴切表达出作者独居的时候，尽管孤独寂寞，但是并不自我放弃，仍然积极向上，抓住机会自我娱乐，表达出作者乐观的生活态度。

### 4.13.3 艺术之双关修辞

（1）《朱迪思 - 莱斯特自画像》 油画

莱斯特出生于荷兰哈勒姆，她是画家工会——哈勒姆圣路加工会登记在册的首个女性画家。这是她最有名的作品——本人的自画像，如图 4-13-2。画中的她坐在画室里，张着嘴，漫不经心地与观者交谈着，手中还拿着油画笔和调色板，显示出她沉浸在艺术的创作中，而这明明是一幅画中画；画中的她在为正在画画的她拉提琴，一语双关，宣扬自

图 4-13-2 《朱迪思 - 莱斯特自画像》

已的多才多艺，人物神态轻松欢快，洋溢着热情幸福的神情。在当时，大多数女性在画像中表情都极为单调、僵硬而严肃，但她活泼轻快的画风却将自己表现得轻松自由而潇洒十足，作品透露出一股灵动之气。

（2）《虚镜》 油画

　　《虚镜》是比利时的现实主义画家的一幅油画，画中巨大而孤立的眼睛凝视着观众。向内看，它的左内角具有鲜明的黏性，该区域及其表面光泽的解剖学细节与眼睛瞳孔的哑光、死黑形成鲜明对比；向外看，朵朵白云漂浮在苍翠、云雾笼罩的蔚蓝天空中，清澈透明。艺术家运用了双关的修辞手法，使天空看起来好像是通过圆形窗口看到的，而不是反映在眼睛的球形液体表面上。眼睛是超现实主义诗人和视觉艺术家着迷的主题，因为它处于内在、主观的自我和外部世界之间的临界位置。空洞的眼睛打开了一个内心世界的空隙，尽管它充满了放射状的如积云般美丽的世界，但又似乎否认了人类存在的可能性。马格利特的眼睛在多个神秘层次上起不同的作用：观看者既可以像透过窗户一样看窗外的风景，也可以把窗户当作镜子，从而看到自己（图4-13-3）。

图 4-13-3　《虚镜》

## 4.13.4　设计之双关修辞

（1）电影《念念》海报　平面设计

　　设计师黄海为电影《念念》作的海报运用了双关的修辞手法，如图4-13-4。电影女主角坐在河堤上抬头看，天空被描绘成一片海底世界，一条美人鱼从空中游过，她望向的是

图 4-13-4　电影《念念》
海报

天空，实际上却如同沉在海底。"因为女主角从小听妈妈讲《美人鱼》的故事，那个天空就是她儿时的想象。"在这张海报中，"美人鱼"象征着梦想，而大海则象征着自由。海报中这条略带神秘感的"美人鱼"，自由自在地游走在自由的天空，就像少年去追逐梦想，向我们展示了最勇敢的青春。

（2）"裁掉出血"海报　平面设计

在平面设计中常用"Bleeds（出血）"指页面上要裁掉的空白边缘部分，"crop it"有"裁剪它"的意思，图文结合的同时，一语双关，巧妙的设计令人深思（图 4-13-5）。

（3）**仿造手风琴椅子　产品设计**

葡萄牙设计师 Soraia Gomes Teixeira 为家居品牌 Burel Mountain Original 设计的仿造手风琴凳子，命名为 Xia，庆祝夏季的到来（图 4-13-6）。声音元素仿照乐团中调音专用的 A 调也就是 La；凳子上的拉伸波纹形状仿照手风琴风箱的造型，不同的颜色匹配不一样的音调，用户在进行坐下这个行为动作时，彩色波纹管被按压，由此发出悦耳的手风琴音符 La 的声音。每当发生"坐"这一个动作时，会同时引发波浪形风箱的压缩和音符 La 的发声。一石三鸟，一语双关。

（4）**历历在"木"日历　产品设计**

木质的循环日历，放在桌面上，像翻转沙漏一样，顺时针转下，小圆中的数字就会变化，记录每天的时间，让过去的每一天都历历在目，作品名为"历历在木"谐音"历历在目"（图 4-13-7），一语双关，引申义为告诫使用者珍惜时间，不要枉费光阴。

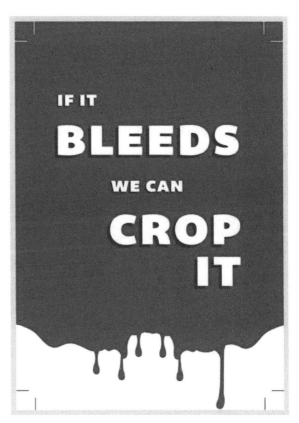

图 4-13-5 "裁掉出血"
海报

图 4-13-6 仿造手风琴
椅子

图 4-13-7 历历在"木"
日历

（5）钢琴楼梯　建筑设计

　　这是一个日常生活中会见到的设计，设计师巧妙地将楼梯设计成钢琴键的样子，如图4-13-8，游客在上下楼梯时，每一级阶梯都会发出不同的声音，像是在弹奏钢琴。一举两得的双关，在楼梯的功能上叠加弹钢琴的概念，愉悦体验者的心情。

图 4-13-8　钢琴楼梯

## 4.14 反讽

### 4.14.1 反讽修辞的概念

《汉语修辞格大辞典》中，反讽又称反语、反话，使用与本意相反的词语来表达本意，意在嘲弄、讽刺。所传达出的本意与字面意涵相反。反讽修辞手法的应用，能切中时弊，达到否定、讽刺及批评目的，如图 4-14-1。

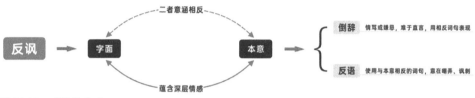

图 4-14-1　反讽修辞手法图示

### 4.14.2 文学之反讽修辞

（1）他已经看出来了，照这样下去，要处理的处理不了，还得把送殡的埋在坟里。

————浩然《艳阳天》

这段话中作者运用反讽的修辞手法描述"把送殡的埋在坟里"这样一种在现实生活中根本不可能存在的设想，以这样的方式来达到讽刺批评的目的。反讽修辞手法描述的场景不具有真实存在性，只是抽象的假性设想，以此对不符合逻辑的荒诞行为进行讽刺。

（2）宣室求贤访逐臣，贾生才调更无伦。可怜夜半虚前席，不问苍生问鬼神。

————李商隐《贾生》

作者借汉文帝召见贾谊不问朝政事宜而只问鬼神相关之事的遭遇表达自己怀才不遇、境如贾生的郁结心情。反讽修辞手法的运用，隐晦地传达出作者的所想所思与所感。借古讽今，诗句看似描写汉文帝，实则讽刺唐皇不能识贤。

## 4.14.3　艺术之反讽修辞

### (1)　《草地上的午餐》　布面油画

《草地上的午餐》是法国画家爱德华·马奈创作于1863年的一幅布面油画，如图4-14-2。当时法国兴起了现实主义艺术运动，反抗学院派艺术的严格束缚，反对浪漫主义异国情调思潮。画面所呈现的透视效果和比例关系打破传统，虽然站在池塘中戏水的白衣女子、中心的人物和前景中女人脱下的衣物、撒在地上的食物构成了古典式三角构图，但是它们之间的透视关系并不符合标准。反透视效果与对比强烈的光影色彩，使得画面更具平面感。马奈依照现实主义原则描绘现实生活中的人物，将裸体女子和两个衣冠楚楚的男子安排在一起，置于巴黎最普通、最常见的草地午餐场景之中。这样的表达方式是对当时古典绘画的教化和情感主题的反讽与挑战。

### (2)　"We're at peace"子弹作品　产品设计

设计师Federico Uribe把用子弹壳创作的一系列动物作品叫作"We're at peace"（图4-14-3），作品中包括狮子、鬣狗、老鹰和兔子等雕塑形象，子弹壳排列组合成的作品外形写实，姿态生动形象。从这些动物的眼神及奔跑的姿态中能看出动物或惶恐或冷酷或紧张的内心活动。通过运用反讽

图 4-14-2  《草地上的
午餐》

图 4-14-3　"We're at peace"子弹作品

的修辞手法，雕塑作品中的动物虽看上去形态各异，造型生动美观，但构成这些雕塑的材料却是战争中留下的子弹壳，通过这样的对比表达和传递出作者对和平的渴望，以子弹壳寓意战争，反讽战争的无情。

（3）Absorbed by Light 装置

Absorbed by Light 装置作品中三个人坐在长椅上低头注视手机，全然被手机屏幕的光所吸引，三人互不理睬。通过装置作品模仿现实世界中人的行为常态，装置作品作为叙述者，讽刺当代人们过多沉迷于智能手机，人与人之间缺乏真诚的面对面交流，肉体的距离虽近，但心灵的距离很远（图 4-14-4）。

---

## 4.14.4　设计之反讽修辞

（1）MOSCHINO 品牌纪念海报　平面设计

MOSCHINO 品牌纪念 30 周年海报，左边是设计师 Franco 的经典设计，字面意思是"仅限时尚受害者"，大大方

图 4-14-4 Absorbed by Light 装置

方地使用反语的修辞手法，用"fashion victims"这个贬义词定义自己的消费者。把消费者形容为时尚受害者，表示消费者实际上都是被时尚迫害的人。讽刺有些设计并不值得买，但有时为了时尚仍需消费（图4-14-5）。

（2）汉堡王创意广告　平面设计

汉堡王创意广告海报中，满脸笑意的小丑怀中抱着的是被小丑的脸吓哭的孩子，画面下方印有快餐品牌汉堡王的logo及"生日应该开心"字样。小丑几乎是代表麦当劳的形象标志，但海报中的小丑与画面中哭泣的孩子所形成的反差对比讽刺了麦当劳的小丑让孩子产生的诸多不适。作为竞争品牌的汉堡王以反讽的表现形式传达出：要想让孩子的生日过得开心还是要来汉堡王，而不是选择麦当劳（图4-14-6）。

（3）瓦西里椅　产品设计

"意大利后现代设计之父"亚历山德罗·门迪尼，于1978年将布鲁尔设计的瓦西里椅子进行再设计，通过呈现独具风格的设计作品来反讽现代主义设计对产品简洁、实用性、功能性及批量化生产的追求，很大程度上颠覆了当时用户对产品的认知，将反讽的修辞手法运用在叙事性设计中。门迪尼的设计与现代主义设计相反，把迷彩撞色的想法融合进设计中、大面积使用无规则的形状装饰，设计中添加手工概念，用手工把不同材质进行复杂拼接，通过随意堆叠组合形体来进行日常生活物品的设计。在设计语言表达上，反讽修辞手法的应用通过一种打破人固有思维的方式进入大众视野中，通过打破固定思维中对事物的认知，运用反讽的修辞手法进行讽刺，引出背后深意，给人以全新的启迪和

图 4-14-5 MOSCHINO
品牌纪念 30 周年海报

图 4-14-6 汉堡王创意
广告

图 4-14-7 布鲁尔 瓦西
里椅，1925 & 门尼迪
瓦西里椅，1978

思考（图 4-14-7）。

（4）MOSCHINO 服装设计

MOSCHINO 2016 早春系列直接在服装上运用带有
MOSCHINO 品牌 logo 的包装购物袋和 1/2 OFF 及 SALE 等
打折字样，如图 4-14-8。服装看似在表现当今西方资产阶级
道德的消费主义，实则讽刺消费主义为盈利而不择手段地
激发人的购买欲望，促使人无节制消费的做法。

图 4-14-8　MOSCHINO
2016 早春系列

## 4.15 精警

### 4.15.1 精警修辞的概念

精警又称警策，最初是为了以鞭策马，后引申为督促教诲而使人警戒振奋。通过精炼扼要而深切动人的词句，引申出含义深刻且富有哲理性的道理，使人读后在处世、为人、治学、修身等方面深受启发，对读者起到警醒鞭策的作用。叙事性设计中，精警修辞手法的运用同样起到警示的作用，或阐明道理告诫世人，或铭记历史、禁止暴行等。

### 4.15.2 文学之精警修辞

（1）秦人不暇自哀，而后人哀之；后人哀之而不鉴之，亦使后人而复哀后人也。

——杜牧《阿房官赋》

生动形象地总结了秦王朝由于统治者的骄奢淫逸最终导致亡国的历史教训，向唐王朝的统治者发出劝告，表现出一个正直文人心怀天下、忧国忧民的情怀。

（2）有的人活着 他已经死了；有的人死了 他还活着。

——臧克家《有的人》

鲁迅先生弃医从文，用笔作为斗争的武器，日夜写作批判那些统治者和压迫者。诗人通过鲁迅与反动派截然相反的对比，热情歌颂了鲁迅先生为人民呐喊的可贵精神，号召人们做真正的有价值的并且具有奉献精神的人。

### 4.15.3 艺术之精警修辞

（1）《战争的后果》 油画

这幅油画的作者为彼得·保罗·鲁本斯，画面中的主要人物为马尔斯，他打开了两面神把守的大门（根据罗马风俗，它在和平时期应该关着），手持盾牌和鲜血染红的宝剑，大步向前走着，他用灾难威胁着所有的人。他没有理会他的情人——被小爱神围绕的维纳斯，维纳斯试图用爱抚和拥抱阻止他，但这一切都是徒劳的。在另一边，手持火把的复仇女神阿勒克图拉着马尔斯，催促着他向前。画面中还有象征瘟疫和饥荒的怪物，它们都是战争的附属品。在地上，马尔斯的脚边有一本书和一张画在纸上的画，这意味着他践踏了文学和其他的高雅艺术；穿着黑色衣服，蒙着面纱，被抢走了珠宝饰物的悲伤女人象征着整个忧郁的欧洲，遭受了这么多的掠夺、堕落和痛苦。这是鲁本斯用绘画的艺术表现形式展现了战争的残酷和人们经历的苦难，以此警醒人们要反对战争，热爱和平（图 4-15-1）。

（2）《打结的手枪》 雕塑设计

《打结的手枪》（图 4-15-2）雕塑其实有许多孪生兄弟，存在于世界各地，其中最出名的要数放于纽约联合国总部游客入口处的那座。雕塑还有另外一个名字叫作《非暴力》，正如它的名称和造型所表述的一样，一把枪管被打了结的左轮手枪，子弹将不会射出枪膛，不会伤及无辜的生命，表达

图 4-15-1　《战争的后果》

图 4-15-2　《打结的手枪》

了全世界人民希望和平的共同诉求。观者看到雕像便不由得肃然起敬，这也正是精警手法运用的高明之处，"此时无声胜有声"，雕塑虽然不会说话，但它传达叙述出的思想感情。

（3）《多瑙河畔的鞋》 雕塑设计

在布达佩斯的多瑙河畔有着六十双锈迹斑斑的铁鞋，与这周围的环境显得格格不入，如图 4-15-3。这是由匈牙利雕塑家鲍乌埃尔·久洛所创作的，纪念当时大批犹太人被箭十字党党徒残忍杀害，尸体被抛进河中，只留下鞋子。每位到此的游客，面对冰冷的铁鞋与湍急的河水都会感慨万千，追忆起悲伤的往昔。铁鞋因历史而来，伫立在现实之中，见证了正义与邪恶的交锋。它虽无声，却又在时刻警醒人们谨记历史的悲剧，以防重演。

（4）"沙滩上的巨型报纸" 沙雕艺术作品

5 月 30 日是日本的零浪费日（Zero Waste Day）。在2019 年的零浪费日，日本沙雕艺术家保坂俊彦（Toshihiko Hosaka）在千叶县的一处海滩，与当地居民、学生一同花费11 天的时间完成了《沙滩上的巨型报纸》（图 4-15-4）这一大型沙雕艺术作品，整幅作品大约是 50 米 ×35 米。《沙滩上的巨型报纸》文字内容为："海洋不会说话，所以，我为他们发声。现在，许多海洋生物因为塑胶被夺走生命……因误食或是被塑胶垃圾缠绕而死亡。"此外，还提到日本人对塑胶的依赖性强，日本的人均塑胶垃圾量排名全球第二。通过呈现"沙滩上的巨型报纸"这一大型沙雕艺术作品，使得观者对过去为优先考虑经济成长、生活便利，而忽略环境问题，对海洋环境造成破坏与污染进行反省与反思，警策人们爱护

图 4-15-3 《多瑙河畔的鞋》

图 4-15-4 《沙滩上的巨型报纸》

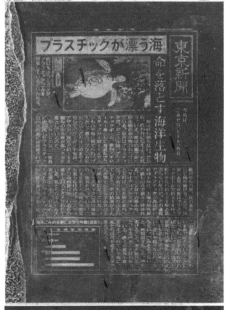

环境，重拾人与自然和谐共处的存在状态（图 4-15-4）。

### 4.15.4　设计之精警修辞

（1）"减少塑料污染"海报　平面设计

　　图 4-15-5 是一组宣传"减少塑料污染"的系列海报。塑料袋化身为海面，两根竖立的叉子仿佛是动物在"呼喊求救"；塑料的刀具化身鲨鱼的鳍，对于海洋动物来说塑料就如鲨鱼般可怕。海报右下方还配以说明文字：现在就有超过 1.5 亿吨垃圾潜伏在海洋中；每天有超过 800 万吨塑料垃圾流入海洋；每年有超过十万只海洋生物因为塑料污染而失去生命。图片配合文字的设计，运用精警的修辞手法，警醒着每一位生活在地球上的人们，要善待爱护环境，减少塑料制品使用和浪费，保护所有生灵赖以生存的地球。

（2）反疲劳驾驶公益海报　平面设计

　　图 4-15-6 为反疲劳驾驶公益海报，画面中有一只即将闭合的眼睛，在眼睛的上眼皮上画了一辆汽车，下眼皮画了一高一矮牵手行走的路人。当睡意袭来，驾驶者闭上眼睛、上下眼皮闭合的瞬间，车辆便会撞上行走的二人。画面传达出的意思是："睡意比你的意志力更强大"，一旦感到睡意袭来，便说明离危险的发生不远，警策每一位车辆驾驶者不可疲劳驾驶，一旦睡意来袭、酿成事故，只徒留恨意而悔不当初。

（3）《肤色不能决定你的未来》海报　平面设计

　　海报《肤色不能决定你的未来》，如图 4-15-7，画面充当叙述者，通过呈现三位婴儿，其中黑色皮肤的婴儿打扮成

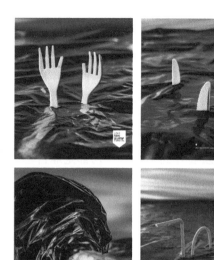

图 4-15-5 "减少塑料污染"海报

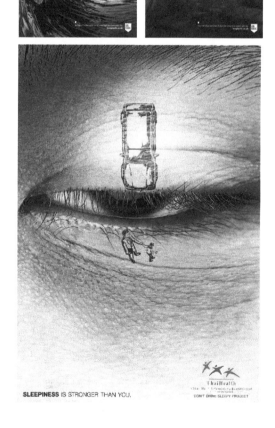

图 4-15-6 反疲劳驾驶公益海报

清洁工模样，白皮肤的婴儿则无忧无虑地玩耍，以此引人深思，肤色决定了他们未来的职业和人生吗？观者作为叙述接收者通过海报了解设计者意图，并且对海报传达出的信息进行思考与反思。在叙事性设计中，加入警策修辞手法润色叙事过程，给观者以警醒与鞭策。肤色的不同并不能代表个人未来的发展好或不好，一切都是靠自己努力奋斗出来的，讽刺肤色歧视的同时鼓励黑人。

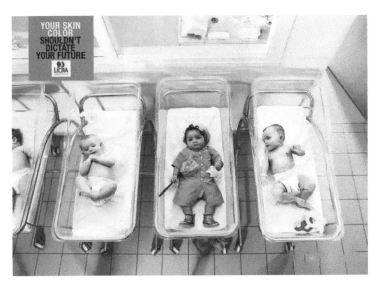

图 4-15-7 《肤色不能决定你的未来》

（4）感温软头安全汤匙 产品设计

勺子整体采用食品级材质，安全无毒，如图 4-15-8。头部边缘采用热塑性弹性体制成，柔软富有弹性，呵护宝宝娇嫩口腔。当勺子接触的食物温度超过 40℃ 时，弹性体会自动由红色变为白色，提示食物过烫，不宜喂食，

图 4-15-8 感温软头安全汤匙

使用起来十分方便。变色这一功能也有别于其他普通汤匙，成为产品卖点。这样的细节设计，在起到安全保护的同时给用户带来了可靠信赖的感觉，这是精警修辞手法作用的一大体现。感温安全汤匙的设计体现出家长对孩子，生产者对消费者关心与负责的态度。

（5）方尖碑　建筑设计

方尖碑是除金字塔以外，古埃及文明中最富有特色的象征存在，如图4-15-9。古埃及的方尖碑一般有十多米之高，众人不得不仰视以观之，从而在人们的心理上营造了一种敬仰之情。高耸直上的方尖碑吸引人们视线，使人们的身心、意念在经历岁月淬炼的伟大艺术面前升华。方尖碑像是一座承载人类迁移、开拓进程，记载人类社会文明与宏大历史业绩，揭示人类成功与罪恶的里程碑。方尖碑作为叙述者，通过警策的方式，在当代作为过去意识的再现，它的存在警示世人勿忘历史，鞭策人类不断进步。

图 4-15-9　方尖碑

（6）"蒲牢"石雕　建筑设计

蒲牢在古代中国神话传说中为龙九子之一，平生好音好吼，又名"犼"。在天安门城楼内外，各有一对华表，如图 4-15-10。华表顶端都有一只神兽"犼"，天安门内华表上的神兽犼坐南朝北，称为"望帝出"，希望皇帝常出宫，关心百姓疾苦。天安门外华表上的神兽犼坐北朝南，称为"望帝归"，希望皇帝不要常在外，荒废国事。将希望帝王勤理朝政，体察民情的主观情感寄托于物——犼，是古人多寄情于物的表达方式。瑞兽"蒲牢"的吼声于皇帝而言，起到的是警示、提醒、鞭策的作用。

图 4-15-10　蒲牢

　　　　叙 述 性 设 计 的 修 辞

## 4.16　摹绘

### 4.16.1　摹绘修辞的概念

摹绘分为摹声、摹色、摹味和摹状四类。①摹声：利用拟声词模拟人或事物的声音。②摹色：利用色彩词描摹客观事物的色彩。③摹味：利用形容气味的词及其附加音节描摹人对事物的味觉。④摹状：利用词语描摹人对事物情状的感觉。[1]

摹绘要尽可能地同临摹物相像，同时又非绝对地写实，更多的是对形体基础上的描绘到设计师真实情感的输出，如图 4-16-1。叙事性设计中，运用摹绘的修辞手法能大大加强作品的感情色彩和表现力，唤起观者感同身受的真实体验。

【1】谭学纯等. 汉语修辞格大辞典 [M]. 上海：上海辞书出版社，2010：599-601.

图 4-16-1　摹绘修辞手法图示

### 4.16.2　文学之摹绘修辞

（1）伐木丁丁，鸟鸣嘤嘤。

——《诗经·伐木》

诗经中常常用叠词来摹绘声音，"丁丁"是伐木的拟声词，"嘤嘤"则是鸟鸣的声音。属于摹绘修辞手法中的摹声一类。

（2）酒席早就摆好，设在这正堂屋里，好丰盛呵！特别是那血浆鸭，红红的辣椒，脆嫩的子姜，黄黄的甜酱，稠稠的血浆，佐在切得细细的子鸭肉里面，辣辣的，甜甜的，香香的，那味道馋得人直流涎水。

——潘吉光《古槽门》

这段描写食物的文字中主要运用了摹绘中摹味、摹色的修辞手法，使得食物的美味呼之欲出。通过作者细致入微的描写，读者仿佛也亲身品尝到了这盘美食，增强了故事的代入感和感染力。

### 4.16.3　艺术之摹绘修辞

（1）《静物：花、高脚杯、水果干和饼干》　木板油彩

这幅画的作者是克莱拉·彼得斯，一位活跃于荷兰的弗兰德斯人，她也是静物画的开创者，如图4-16-2。她把食物和花卉画在一起，创造了一种称作"早餐画"的静物画。彼得斯真实地还原了各种物品的质感——从富于光泽感的玻璃杯、银质高脚杯到鲜花柔嫩的花瓣，从美味诱人的面包坚果到餐后小食的水果饼干。画面上色香味俱全，欣赏画的人仿佛也品尝了一番美味。摹绘的修辞手法在静物画创作中是必不可少的，也正是画家对生活细致入微的观察才使得作品如此生动形象，同时展现了当时人们对生活品位的追求和热爱。

（2）《橡树林中的修道院》　布面油彩

这幅画是对人类死亡的一种沉思，如图4-16-3。死亡本是一个不可名状的抽象名词，但弗里德里希却用昏暗的夜幕，

图 4-16-2 《静物: 花、
高脚杯、水果干和饼干》

图 4-16-3 《橡树林中
的修道院》

破败的教堂和鬼魅般的人影将"死亡"摹状出来。正如画家自己所言："我常扪心自问，为什么选择死亡、短暂和墓地作为我的绘画主题？为了获得生命的永恒，必须直面死亡。"整幅画展现的是冬季天空下，一支送葬的队伍抬着棺材穿过光秃秃的橡树林，走向大雪覆盖的墓地，远处还有一座哥特式小教堂的废墟，神秘、恐惧、凄凉的气氛感染了每个人。摹绘的修辞手法可以把画家内心抽象的情感表达，以实物的方式展现出来，观者也更容易被其真情实感所打动。

## 4.16.4　设计之摹绘修辞

（1）水果香皂　产品设计

水果香皂的设计模拟天然水果的外观造型，有些甚至会将其气味一块模仿，让人真假难辨（图4-16-4）。这样摹状摹味的设计，使得产品饶有趣味，能吸引富有猎奇心理的消费者。但将摹绘的修辞手法运用到设计中时，需要注意在设计安全规范上要有新的标准。对于认知尚未健全的未成年人来说，需加以明显的安全警示说明。

（2）MIUI动态自然音效体系程序设计

千百年来，自然的声音已融入每个人的身体，动听又不打扰。摹声的修辞手法与科技结合给用户带来了截然不同的使用体验。在MIUI 11动态自然音效体系中，选取日、月、火、水、木等来自于自然的声音元素，打造系统通知音和界面音。除了模拟音色外，还模拟大自然声音的连续和变化，在手机通知音连续响起或组合使用时，进行节奏和强弱的相应变化，带来自然音效的生动与美好（图4-16-5）。

图 4-16-4  水果香皂

reddot winner 2019

## MIUI动态自然音效体系
## 自然惊艳 听觉盛宴

MIUI11

### 元素动态闹铃，大自然将你唤醒

直接选取大自然中的声音谱写成旋律，一周七天，不同元素，将你温柔唤醒。

图 4-16-5  MIUI 动态自
然音效体系

（3）园林景观设计

园林设计在布局上多采用空间的划分手法来描摹自然景观，通过假山、树木、小桥流水等进行园林景观规划，从而形成独具江南风味的写意山水园林。假山的堆叠摹绘自然山峦给人以"虽由人作，宛若天开"的艺术境地。对于园林中水元素的设计也大多因地制宜地引用活水，营造出近似自然的天然感，并在山水间辅以石头或花草，这些摹绘自然山水的设计手法正映衬了园林山水所追求的境界。恰当地运用摹绘的修辞手法，可以给用户以强烈的代入感从而增强作品的感染力和说服力（图 4-16-6）。

图 4-16-6　园林假山

## 4.17 引用

### 4.17.1 引用修辞的概念

引用熟知的典故、谚语、熟语等，一方面，可增强语言的表现力，抒发作者感情；另一方面，可增强文章的说服力，使叙述达到事半功倍的效果。叙事性设计中的引用修辞，这里分成两大类来解读，如图 4-17-1。一类是"用典"即"引经据典"，引用经典成语或经典作品来做设计；另一类是引用经典设计的元素、手法甚至核心技术，以此来呈现一个全新的作品。新作品在致敬经典设计的同时，又较经典设计作品有明显改进和创新。

图 4-17-1 引用修辞手法图示

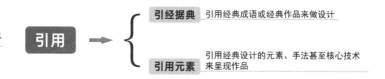

### 4.17.2 文学之引用修辞

（1）一唱雄鸡天下白，万方乐奏有于阗，诗人兴会更无前。

——毛泽东《浣溪沙·和柳亚子先生》

毛泽东《浣溪沙·和柳亚子先生》词中"一唱雄鸡天下白"一句引用自唐代李贺《致酒行》中的"雄鸡一声天下白"。属于引用修辞手法中的"引经据典"。两相对照，李贺词中"雄鸡一声天下白"表现的是诗人对政治理想的坚持，对美好未来的憧憬。而毛泽东的"一唱雄鸡天下白"表现的是原来旧社会迈向新征程，雄鸡一声长鸣，新中国焕发新的生机和曙光，未来前途一片光明。两句在诗中的分量、功用均有巨大差异，通过引用前人诗词，再创新作，赋予诗句全新的内涵。

（2）"日出江花红胜火，春来江水绿如蓝。"这是革命的春天，这是人民的春天，这是科学的春天！

——郭沫若《科学的春天》

作者引用诗人白居易《忆江南》中描写春季繁盛美景的两句诗，将诗句所描述景象与中华人民共和国成立不久便大力发展科学事业的繁荣景象相联系。排比句式与引用修辞的运用，表现出作者壮志报国情怀与强烈饱满的爱国情感。

## 4.17.3 艺术之引用修辞

《带胡须的蒙娜丽莎》与《蒙娜丽莎》

《带胡须的蒙娜丽莎》是马塞尔·杜尚创作的绘画，引用达·芬奇《蒙娜丽莎》。1917年，杜尚在一幅《蒙娜丽莎》的印刷品上，给画中人物用铅笔涂上了山羊胡子，并在作品底部位置标以"L.H.O.O.Q"的字样，法语读音极似"她有一个热屁股"，如图4-17-2。《带胡须的蒙娜丽莎》把反艺术推向极致，并给后继的艺术运动带来全新启迪。《带胡须的蒙娜丽莎》这一作品，画面充当叙述者，传达出作者藐视传统、无视约束的品性，表达了作者对艺术的边界和本质的质疑。经典蒙娜丽莎的形象在胡须的加持下变得滑稽荒诞，画面感染力强，吸引观者。运用涂画等戏谑甚至有些恶搞的方式，颠覆观者对经典名画《蒙娜丽莎》的看法，引发观者的无限遐想与思考，使得《带胡须的蒙娜丽莎》成了与经典齐名的

图 4-17-2 《带胡须的蒙娜丽莎》与《蒙娜丽莎》

艺术存在。

## 4.17.4　设计之引用修辞

（1）《影》电影海报　平面设计

电影《影》的阴阳版海报引用中国的太极图元素，人们从太极图中能窥到世界规律运行的本质，颠倒往复，盈满则亏，也能看到一个个体的内部矛盾，如图 4-17-3。引用中国传统的太极图案，点明电影中的替身与真身既互为一体，又构成一对矛盾的关系。替身在古代称"影子"，危急关头挺身而出替代真身。"影子"因真身而存在，画面中站在黑白两极内打斗的场景呼应影片中的武功招式。太极图内黑白两极的对比也突显了人的两面性，善恶并存，并非单纯的非黑即白。在平面海报设计中，通过引用，清晰地传达出电影所讲述故事的主要内容，贴切而形象地表达了影片主人公的性格特征，使观者通过海报大致了解电影内容，在观影后再次欣赏海报时又能体会到其中深意，由此形成良性的多向互动。

(2) 观鱼独钓香台　产品设计

观鱼独钓香台引用"子非鱼，焉知鱼之乐"与"孤舟蓑笠翁，独钓寒江雪"的典故，"子非鱼，焉知鱼之乐"典故源自战国时代思想家庄子和惠施在观鱼时产生的鱼乐之辩；"孤舟蓑笠翁，独钓寒江雪"的典故出自唐朝诗人柳宗元的《江雪》一诗。如图4-17-4，香台在不同的视角看到的画面不同，从侧面看香台是孤舟蓑笠翁在江心独钓，而从香台正面看却只能看到坐着的老翁而不见船，巧妙地将"孤舟蓑笠翁，独钓寒江雪"结合"鱼乐之辩"，隐晦地传达出遇事时应多角度看问题，多维分析问题。香台虽小但被设计者注入东方传统文化中的大智慧，引用前人之辩及经典诗句传达设计理念，将东方的意境美置于香台之中。

(3) 花纹胶带　产品设计

如图4-17-5，故宫宫廷文化出品的五彩团花纹胶带，引用清中期的红漆嵌螺钿团花纹攒盒的图样纹饰，对红漆嵌螺钿团花纹攒盒进行元素的提取，将提取后的纹样图案应用在文创设计中，胶带被赋予文化意味，视觉上复古纹样、图形、明艳色彩的呈现，将传统与现代结合，赋予产品以文化底蕴。运用引用的修辞手法，将传统故宫文物中的装饰纹样加以提炼，使得五彩团花纹胶带更易被用户接受和喜爱，增添设计趣味性，使胶带在兼具实用性的同时不失装饰性，以此在设计者和用户间形成良好的交流与互动。

图 4-17-3 《影》阴阳
版海报

图 4-17-4 观鱼独钓香
台

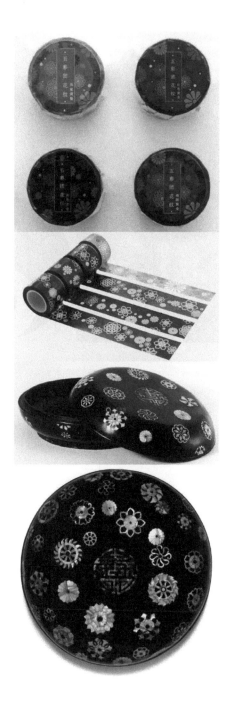

图 4-17-5　五彩团花纹胶带

叙 述 性 设 计 的 修 辞

（4）Summa 座椅　产品设计

1999 年，由 Niels Diffrient 操刀设计的 Freedom 座椅，以其简约优雅、卓越性能以及经典设计而备受推崇，是第一把能自动适应使用者、可以让使用者在不同姿势间自由转换的办公椅，座椅的自动调节机制始终代表着座椅行业的黄金标准。Summa 高级行政座椅的产生便是为了纪念 Freedom 座椅。Summa 高级行政座椅除引用和借鉴 Freedom 座椅的自动调节机制外，还采用自动斜倚机制，可以根据使用者自身体重，自动为用户调整倚靠支持，提供无缝承托和舒适体验，如图 4-17-6。引用经典设计的调节机制和座椅扶手外观这两种元素的同时又融合原创设计想法来呈现全新的设计作品，考量更加全面细致，符合时代发展理念，设计也更加人性化。

图 4-17-6　Freedom 座椅和 Summa 高级行政座椅

（5）Burberry Arthur 运动鞋　产品设计

Burberry 新品 Arthur 运动鞋因首代威灵顿公爵 Arthur Wellesley 而得名。如图 4-17-7，Burberry Arthur 运动鞋引用 19 世纪初 Arthur Wellesley 重新设计的威灵顿靴鞋头包裹造

型，鞋子边缘黑胶包裹使得鞋子不易磨损；鞋底细节设计引用传统登山鞋鞋底防滑造型，使得鞋子整体造型设计感增强；鞋头黑胶包裹部分沿用防水胶鞋的光面材质，不易沾水且光面材质的光泽感强，时尚度得到提高。布面部分融合品牌 logo，鞋底后跟部分也印有品牌 logo。引用融合三类经典款式鞋子的设计元素，又加以创新，结合品牌原创 logo 等元素设计出全新的运动鞋，兼具实用性及设计感。全新的运动鞋传达出设计师的设计思维与设计背后的故事，消费者通过产品感受设计者的用心。Arthur 运动鞋作为叙事性设计的叙述者，呈现过程连接设计者与消费者，在产品、消费者、使用者、设计者之间架起沟通桥梁。

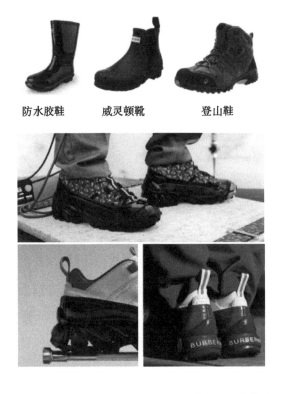

防水胶鞋　　威灵顿靴　　　登山鞋

图 4-17-7　Burberry Arthur
运动鞋

# 第 5 章

修辞法式

本书在第 1 章中具体介绍了传统叙事学的叙事交流模式，谈及了修辞在叙事中的作用。在第 2 章中，着重介绍了叙事与设计之间的联系，其中修辞手法的运用是作品能更好叙事的关键所在。在第 3、4 两章中，通过从文学上的解释说明到丰富的艺术设计作品、建筑案例来阐释各个修辞手法在设计中的具体运用。本章希望能从中总结出关于修辞手法在设计中运用的法式，即叙事性设计中关于修辞的语法结构。

## 5.1　设计分类与设计点

对于书中提及的各修辞手法及具体案例，根据以下步骤对其分类：第一步先从作品的物理维度出发，分为二维与三维作品，其次将二维作品分为平面与绘画两类，三维作品分为产品、建筑二类。对于一些艺术加工的作品，其门类较复杂，既有二维作品又有三维作品。第三步也是较为关键的一步，从每个叙事性设计修辞作品中选出 2～3 个典型案例，其中尽可能包含二维与三维的设计作品。列出其中能体现修辞手法的设计要点，分别为内容、造型、色彩、功能、心理、形式、材料和空间。每件设计作品都有许多的设计点，如色彩、肌理、造型等，但并不是所有的设计点都能反映体现修辞的作用。例如在运用对偶修辞手法的设计中，形式的对称性就比色彩的选择更为重要。最后一步是对列出的设计要点，按平面、绘画、工艺品、产品、建筑、景观中出现的频率高低进行排序，总结出各大类设计作品中体现修辞手法作用的设计要点的优先顺序。

在图 5-1-1 中，用不同的颜色区分频率高低与优先顺序

等级，从高到低分别为红色、黄色、蓝色和灰色。可以从中
了解到二维的平面设计，其关键的设计点是对内容进行选择。
这件作品想传达叙述一个什么故事，这是设计者首先要斟酌
和考虑的，其次是作品该以何种形式呈现和观者（受述者）
的心理活动。在绘画作品中，内容仍是重要的考虑因素，其
次是色彩和心理因素，色彩是绘画作品叙事表达中传递情感
的又一重要途径。

在三维的产品设
计中，造型成了优先
考虑的因素，其次是
功能和心理，再次是
材料。或许有读者会
产生疑惑，似乎与
"形式追随功能"的现
代设计理论有矛盾冲
突。其实不然，因为

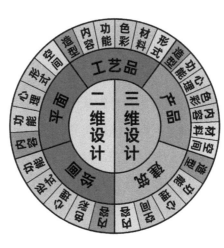

图 5-1-1　设计分类与
设计点优先顺序

设计师在准备使用修辞手法进行叙事性设计前就已明确了设
计需求，即产品的功能已被明确，增强产品的表现力及感染
力才是叙事性设计的目的。在建筑设计中，也是首先考虑建
筑的造型外观，其次是追求功能上的和谐统一。景观设计则
是展示建筑的另一种方式，在许多考虑的设计点中与建筑相
似。工艺品是比较特殊的存在，其种类繁多，设计师可根据
产品自身特点选择相应的设计要点。

为了方便设计师认识和更好地运用叙事性设计中的修辞
手法，将 30 个修辞手法归纳总结到 10 个设计师熟悉的设计

手法中，并用相对概括的词语去解释说明其含义，分别是对比手法（抑扬交错）、陌生化手法（云山雾罩）、联想手法（引申发挥）、借用比喻手法（沉鱼落雁）、强调手法（三番四抖）、对称手法（相映成趣）、幽默手法（言过其实）、暗含手法（一语双关）、设置悬念手法（抛砖引玉）、简约手法（删繁就简）。之后将逐一介绍各设计手法和与之包含的修辞手法，通过设计案例，分析各设计点中的重点要素，从而更好地帮助设计师进行叙事性设计。有一点需要注意，在此总结的规律并不一定满足所有的设计案例，存在特殊的情况，比如运用多样化设计风格的作品无法直观判断其设计点主次，一些追求新表达形式的作品或许也无法从中找到对应的规律。但这并不影响对一般性规律的归纳和总结，它仍可以指导设计师设计绝大多数类别的作品。

## 5.2　设计手法与要点分析

### 5.2.1　抑扬交错——对比的手法

　　对比设计手法包含了对比、衬跌、跳脱和反讽这四种修辞手法，在叙述的语境中呈现抑扬交错的表达效果。在这四种修辞手法的定义中，可以看到语意间的跌宕转折，或在事物两面进行对比，或在叙事的前后进行对比，又或是正话反说间接地表达。图 5-2-1 中列举了各叙事性设计案例的设计点分析，可以看到内容的展示几乎出现在所有的案例之中，这说明在对比设计手法下的各修辞都需要靠内容去呈现出精彩的故事。关于色彩、造型、心理和材料的设计点都出现了二次及以上，这是设计师下一步需要考虑的设计点。至于出现较少的空间和形式设计则需在具体的设计案例中具体考虑。

　　在图 5-2-2 中，可以看到更为详细的展示。内容这一设计要点是"抑扬交错"表现的关键因素，其次是造型的表现、色彩的搭配、心理的变化和材料的选择。这里列举的设计要点并不需要设计师一一满足，而是旨在提供一个设计思考的方向，方便设计师在较短时间内抓住设计重点，最终完成设计作品的叙事表达。设计点优先考虑的顺序从高到低分别由红色、黄色和蓝色进行区分。细分到各个修辞手法部分，跳脱和反讽修辞中的红色"内容"设计要点色块更加鲜艳，这是相较于对比和衬跌而言，跳脱和反讽修辞中的"内容"被更多地考虑。衬跌中加深的心理"色块亦是相同的规律。除此之外，修辞手法对应的其他设计点，设计师可根据实际的作品类别

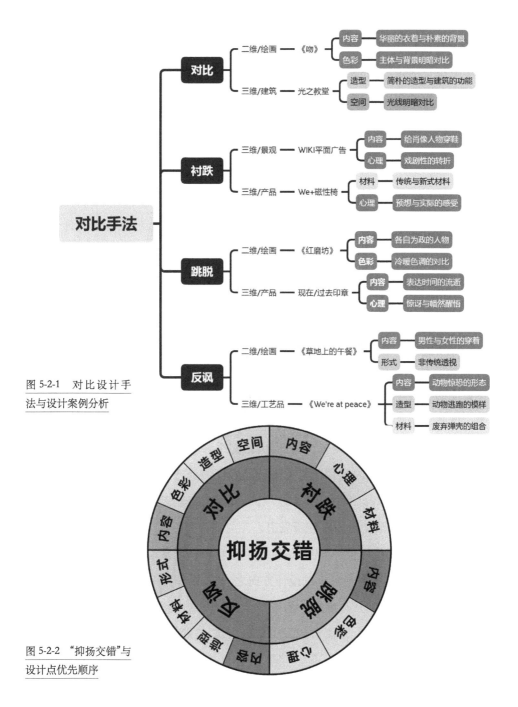

图 5-2-1 对比设计手
法与设计案例分析

图 5-2-2 "抑扬交错"与
设计点优先顺序

和内容进行选择，图 5-2-1 便提供了各设计类别考虑设计点的优先顺序。值得说明的一点是在总结设计点时，一般地将造型归属于三维设计，将形式归属于二维设计。因此碰到在同一设计或修辞手法内，造型和形式二者优先顺序存在前后关系时，设计师可按作品类型的实际情况自行调整。

## 5.2.2 云山雾罩——陌生化的手法

陌生化设计手法中包含了倒装、避复、镶嵌和列锦这四种修辞手法，如图 5-2-3。单纯从字面理解上"云山雾罩"一词，就是真实的面目被云雾笼罩，一切变得陌生起来。俄国形式主义提出的"陌生化"是形式主义文论中最富有价值的思想之一。在他们看来，人们生活在现实之中，对于每天目睹周遭的一切早已习以为常。[1] 然而艺术创作的目的就是把日常司空见惯的东西陌生化为新奇的事物，从而使人产生强烈的感受。倒装、避复、镶嵌和列锦修辞手法在定义上都在对句子排列或是字词构成进行"变化"，呈现出新的组合方式。运用到设计作品中便是在内容和造型上进行陌生化的处理，观者在碰到运用此类修辞的设计作品时，目光便先会被其"陌生化"造型和前后跳跃变化的内容所吸引。

根据设计陌生化手法案例的总结，其中内容和造型是设计师首先需要考虑的，也是最常见设计方向之一，如图 5-2-4。其次是对观者（受述者）心理活动的考虑，如何营造出陌生化的感受，再是从色彩、功能与形式上进行考虑。"陌生化"的潜台词是使熟悉的东西陌生化，完全陌生的对象无需"陌生化"处理。"熟悉"和"陌生"是两个彼此意思相反的词语，却

【1】胡亚敏．叙事学．武汉：华中师范大学出版社，2004：6.

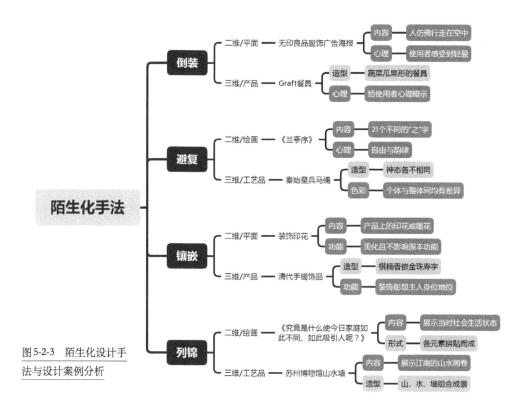

图 5-2-3　陌生化设计手法与设计案例分析

图 5-2-4　"云山雾罩"与设计点优先顺序

是陌生化手法表现的关键。"熟悉"链接着以往经验，为感知或理解"陌生"提供了前提。[1] 在徐振华关于《产品设计中的"陌生化"手法》的论文中，提出了关于产品陌生化的实施策略，包括产品形态陌生化、功能陌生化和使用者经验陌生化，这三种策略恰恰也在设计案例中总结出的设计点范围内。设计师采用陌生化设计，运用相关修辞手法增强作品叙事表达的吸引力和感染力，最终让观者和用户获得新的感知。最后关于陌生化设计可以用原研哉在《设计中的设计》中的一句话进行阐释说明："并不是仅仅只有制造出新奇的东西才算是创造，把熟悉的东西当成未知的领域再度开发也同样具有创造性。"[2]

【1】徐振华. 产品设计中的"陌生化"手法 [J]. 包装工程, 2013, 34(14):61-64.

### 5.2.3  引申发挥——联想的手法

联想设计手法包括了通感、移情、移用和拈连这四种修辞手法，如图 5-2-5。在这四个修辞手法的定义中都有把一种事物的描写或感受转移到另一件事物上这一点，其中的事物或是人的主观感受，或是感官感觉，又或是客观存在的外物。对于如何实现"转移"，则需要观者引申发挥，展开丰富的联想。联想是将一个设计元素联系到其他设计元素的过程，造成联想的原因在于两者之间存在一定的联系。两个元素之间可能在概念上、性质上或者形态上存在一定的联系，能够让设计者在想到其中一个时，不由自主地联想到另外一个。[3]

在设计联想手法的分析总结中，可以看到内容和心理是"引申发挥"的关键（图 5-2-6）。设计师要充分挖掘观者和用

【2】原研哉. 设计中的设计 [M]. 朱锷，译. 济南: 山东人民出版社, 2006.

【3】周越，王影. 想象与联想在平面设计中的价值研究 [J]. 设计, 2018(4):106-107.

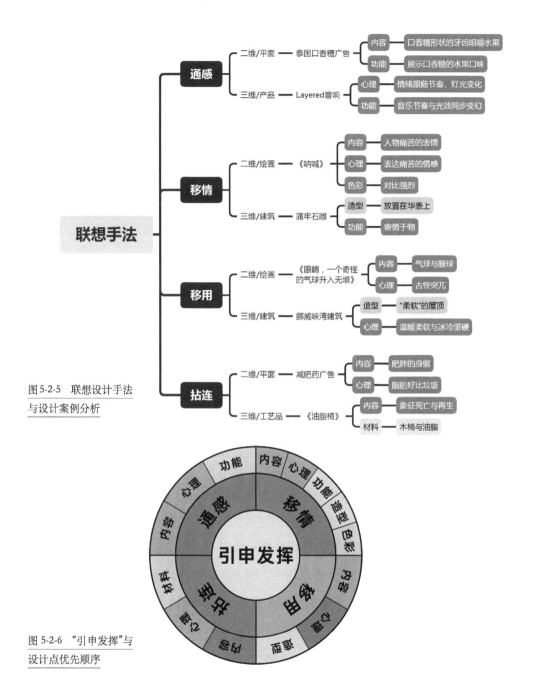

图 5-2-5 联想设计手法
与设计案例分析

图 5-2-6 "引申发挥"与
设计点优先顺序

户的内心情感，选择其认知范围内的事物展开发散性的联想。其次是功能和造型上的联想，产品的设计可采用相似的形状、轮廓，让使用者快速地了解其功能，方便使用。色彩和材料上的设计表达，则是起到辅助联想的作用。细分到各个修辞手法中，运用通感修辞需要更多地注意设计作品的功能；移用需要更多注意观者的心理；拈连需要更多把握作品的内容。当然设计师可根据实际的设计要求，调整各设计要点的优先顺序或选择其他设计点进行叙事设计。

## 5.2.4 沉鱼落雁——借用比喻的手法

借用比喻设计手法中包含了比喻、比拟、引用、借代和象征五种修辞手法，如图 5-2-7。"沉鱼落雁"一词可以很好地概括借用比喻的设计手法，运用事物中最具代表性的部分去借代描写，通过这种婉转而非直接的方式表现，更能形象地凸显事物的特征。运用比喻和比拟的设计在生活中十分常见，其内容或造型生动活泼，给人留下深刻的印象。引用在设计中则是引经据典，在设计史上有不少模仿和向经典致敬的设计。在借代与象征修辞手法中，前者主要是通过物品特征或名称进行指代，后者则主要表现在精神层面的寄托。总的来说，借用比喻的设计手法颇为设计师熟悉，应用十分广泛。

在设计借用比喻手法的分析总结中，内容和造型是设计师考虑的关键（图 5-2-8）：事物的造型是否模仿得惟妙惟肖，内容的选择是否表现出二者事物之间的特征。其次是功能和心理，如何将既定的功能巧妙地融入作品的内容和造型中去，吸引观者和用户的兴趣。色彩则起到进一步衬托、增加表现

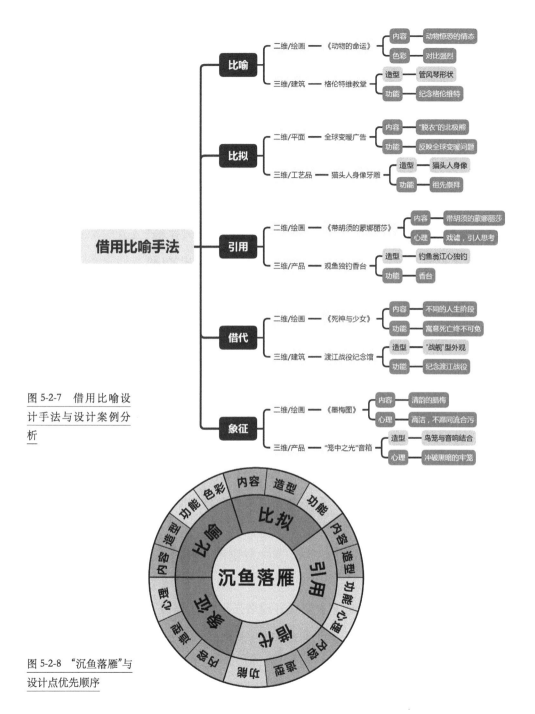

图 5-2-7　借用比喻设计手法与设计案例分析

图 5-2-8　"沉鱼落雁"与设计点优先顺序

力的作用。在各修辞手法中，可以了解到比拟和借代需要更加关注功能这一设计要点；象征则需要进一步分析受述者的心理，让作品可以与之产生共鸣。对于各个修辞手法考虑的设计点顺序，设计师也可根据实际的作品进行自主选择。

## 5.2.5　三番四抖——强调的手法

强调设计手法可以用"三番四抖"来解释说明。"三番四抖"为曲艺术词，是相声表演中抖"包袱儿"的常用手段。"三番"便是在之前（三次）反复铺垫与强调，直到最后"抖"出"包袱儿"。强调设计中包含复叠、反复、精警和摹绘这四种修辞手法，如图 5-2-9。复叠与反复相似，但又有所不同，它不是完全同样的重复，而是在每次重复中进行内容、形式或造型上的调整，以使作品不过于呆板单调。反复则更倾向于对相同的事物进行重复，从而增强作品的表现力和吸引力。在叙事性设计中，精警被认为是运用在一些带有警示性的设计案例内，作者通过警告的"言语"强调危害，警醒人们重视、关注设计背后的寓意。摹绘是对事物逼真地"临摹"，强调的是真实性。强调的设计手法可以让叙事留下更为深刻的印象，让作品产生更加深远的影响。

根据强调设计手法案例的总结，其中造型和心理是设计师首先需要考虑的设计点，如图 5-2-10。在产品和建筑造型设计中，相同或相似单元的重复能很好地增强作品的"语势"，给观者以心理上的震撼。对于平面和绘画之类的二维设计作品来说，虽然没有三维层面的造型设计，但二维的形式和内容同样可以具有类似的情感表达。其次是内容的选择，特别

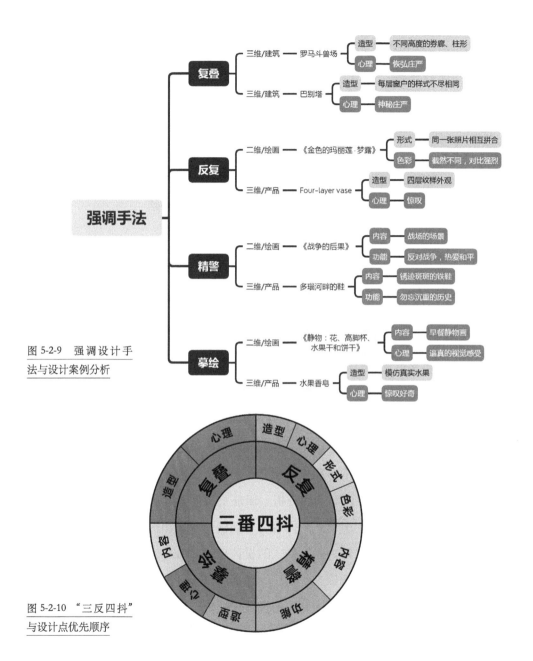

图 5-2-9　强调设计手法与设计案例分析

图 5-2-10　"三反四抖"与设计点优先顺序

是在精警的修辞语法中，展示什么内容，如何展示可以达到警示的目的，这是在设计之初构思的重要环节。最后是形式、色彩和功能的考量。

## 5.2.6 相映成趣——对称的手法

对称设计手法中包含对偶、回环和互文三种修辞，如图 5-2-11。用"相映成趣"一词可以生动形象表达出对称手法的精髓，形式和造型上的对称给作品平添一份"趣味"。对偶修辞定义中关于结构相同、意义对称的表述反映在作品中，即造型和形式上的对称性。回环的设计样式，可认为是一种变相的对称，意在传统对称中寻找内在律动，使得设计作品在"庄重"中带有"活泼"。互文根据其定义中的解释，更倾向于内容中的对称，上下句互相呼应、互为补充，反映在设计作品中多体现为正负形的结构设计。对称手法在设计中的运用，不仅为作品增添了庄严的仪式感，也让作品有了趣味活泼的表达形式。

在设计对称手法的分析总结中，各修辞对应的设计要点较为均衡，形式、色彩、造型和内容较功能需要优先考虑，如图 5-2-12。根据之前设计案例的分析，回环更多倾向于造型上的考虑；互文则倾向于形式和内容；对偶则在形式和造型方面都有涉及，可以总结为是对样式的设计考虑。对称创造了感官上的平衡，而平衡带来了秩序、和谐与审美，因此在生活中对称设计可以说是最为常见的设计手法之一，配合对偶、回环和互文的修辞手法可以使得作品的叙事性表达在严肃中平添一丝趣味。

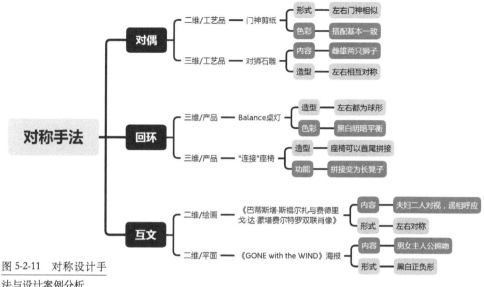

图 5-2-11 对称设计手
法与设计案例分析

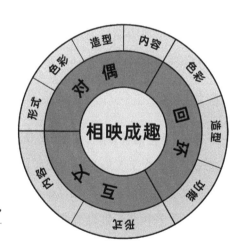

图 5-2-12 "相映成趣"
与设计点优先顺序

## 5.2.7  言过其实——幽默的手法

幽默的设计手法包括夸张和降用这两种修辞手法，如图 5-2-13。夸张修辞为设法达到表现目的往往带有趣味幽默的表达，在事物的造型、样式等方面进行有意的放大或缩小。降用在设计中则表现在空间内容上的大小变化，给观者带来心理上的反差，形成幽默趣味化的设计表达。"言过其实"便可以用来对这两种修辞手法进行简单的概括，无论是放大或缩小，都是"过实"的表现。幽默的修辞手法运用在设计中，不仅能增添作品的趣味性，还能拉近作品与观者之间的距离，形成良好的沟通与表达。

根据设计幽默手法案例的总结，内容是夸张和降用修辞手法都需考虑的设计点，其中降用还需考虑作品在空间上的变化（图 5-2-14）。由于幽默手法本身只归纳了两种修辞，故在设计点优先顺序之间差异并不特别明显，主要是内容的选择，其次是在功能、造型和空间上的设计考虑。

## 5.2.8  一语双关——暗含的手法

暗含的设计手法中包括双关和谐音两种修辞，如图 5-2-15。暗含可以理解为事物的表达既有表层含义又有深层含义。内外两层关系之间或呈递进关系或呈相对关系，"一语双关"可以很好地揭示暗含手法的内涵。双关和谐音修辞可通过事物的名称、造型样式等来反映，具体表现在可赋予观者心理上的不同感悟，或是事物新的功能变化。

在设计暗含手法案例总结中，发现内容、造型和功能是

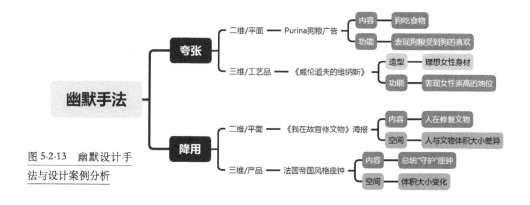

图 5-2-13 幽默设计手法与设计案例分析

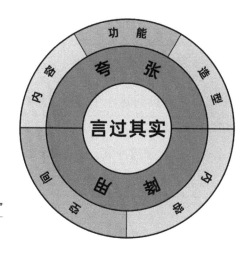

图 5-2-14 "言过其实"与设计点优先顺序

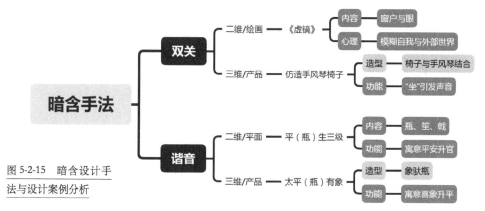

图 5-2-15 暗含设计手法与设计案例分析

优先考虑的几个设计点，
如图 5-2-16。运用谐音修
辞的案例中，功能得到更
多的关注。由于暗含手法
本身只归纳了两种修辞，
故在设计点优先顺序之间
差异不如之前设计手法明
显，但这不影响对其设计

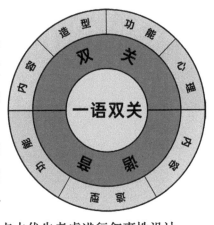

图 5-2-16 "一语双关"
与设计点优先顺序

点的归纳，仍可以从这几点去优先考虑进行叙事性设计。

### 5.2.9　抛砖引玉——设置悬念的手法

　　在设置悬念的设计手法中含有设问这一个修辞，可以
用"抛砖引玉"一词的字面意思去理解设问在其中的作用，如
图 5-2-17。设计师抛出一个疑问或者矛盾冲突，造成观者某
种急切期待和热烈关心的心理，随着叙事情节的慢慢发展向
观者解答消除其内心的疑惑。

　　在设计设置悬念手法案例总结中，功能、内容和造型是
主要考虑的几个设计点，如图 5-2-18。其中，功能需要得到
更多的关注。由于设置悬念手法本身只包含有一种修辞，故
在设计点方面不如之前手法多样。设问修辞的运用可以使得
叙事情节环环相扣，情感的传递曲折而生动，从而激发观者
兴趣，给观者留下深刻印象。

### 5.2.10　删繁就简——简约的手法

　　简约的设计手法在实际的设计案例中是十分常见的，在

图 5-2-17 设置悬念设
计手法与设计案例分析

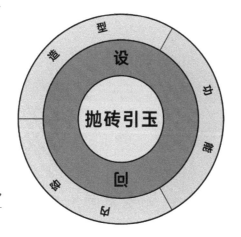

图 5-2-18 "抛砖引玉"
与设计点优先顺序

数字、图像等信息爆炸的社会，"删繁就简"给用户与观者呈现事物原本的形态，不失为一种行之有效的设计思路，如图5-2-19。省略修辞手法可以认为是和简约手法相对应的，简约设计不是单纯的简化，而是在除去多余装饰的基础上，保留下简洁明了的样式和逻辑清晰的功能。

在设计简约手法案例总结中，内容、心理、造型和色彩是主要考虑的几个设计点，如图5-2-20。由于简约手法本身也只包含修辞，故在设计点的多样性方面不如之前的设计手法。省略修辞的运用能使得作品的功能表达更为明晰，方便观者和用户理解使用。对于生产制造来说，"删繁就简"可以很好地减少工艺步骤，缩短产品的生产周期，在一定程度上降低制造的成本，为广大消费者提供更好的产品消费使用体验。

图 5-2-19　简约设计手法与设计案例分析

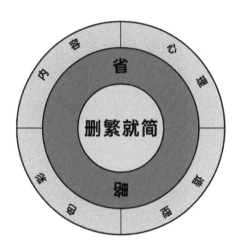

图 5-2-20　"删繁就简"与设计点优先顺序

　　　　叙　述　性　设　计　的　修　辞　　━━━━━━━━

## 5.3  小结

　　叙事性设计中修辞手法的运用不可或缺，它使得作品可以更好地讲述发生的故事。以上是将这一系列修辞手法进行整理分析，以寻求其中的法式。在基本的表现形式上，运用修辞的叙事性设计可以拆分为设计主体加修辞手法，如图5-3-1。一般地，一个设计主体会运用一种修辞手法，但也存在对应多个修辞手法的设计。关于界定具体运用了何种修辞手法，则需从修辞手法的基本概念和设计作品的内容去作判断，第3、第4章中有具体的介绍和相关案例的分析。

图 5-3-1　修辞手法表现形式

　　修辞手法在叙事性设计中的核心作用是增强表现力，就是给观者留下深刻印象，具体归纳为前述的几个方面。当然有些修辞手法并不仅仅只体现在一个方面，而是从多方面增强叙事的表达，对于此类修辞手法可以先从其主要方面去分析考虑抓大放小，最后进行全盘总结，找出其中的内在逻辑。设计师应当充分了解和掌握本书所述的设计叙事的修辞手法，以便更好地让作品讲述故事，也让作品讲述更好的故事。

# 参考文献

[1] 申丹. 新叙事理论译丛·总序 [M] // 戴卫·赫尔曼主编. 新叙事学 [M]. 马海良译. 北京：北京大学出版社，2001.

[2] 胡亚敏. 叙事学 [M]. 武汉：华中师范大学出版社，2004.

[3] 布斯著. 小说修辞家 [M]. 华明等，译. 北京：北京大学出版社，1987.

[4] 托多洛夫. 文学作品分析 [M] // 载张寅德编选. 叙述学研究 [M]. 北京：中国社会科学出版社，1989.

[5] 瑞蒙·科南. 叙事虚构作品 [M]. 伦敦：梅休因，1983.

[6] 普兰斯. 释虚构作品中的一个概念：叙述接受者 [J]. Poetique，1971(14).

[7] 亚里士多德. 诗学 [M]. 罗念生，译. 北京：人民人学出版社，2000.

[8] 查特曼. 故事与话语 [M]. 伊萨卡：康奈尔大学出版社，1978.

[9] 巴尔特. 叙事作品结构分析导论 [M] // 载望泰来编译. 叙事美学 [M]. 重庆：重庆出版社，1987.

[10] 伊瑟尔. 阅读行为 [M]. 金惠敏等译. 长沙：湖南文艺出版社，1995.

[11] 郑子瑜. 中国修辞学史稿 [M]. 上海：上海教育出版社，1984.

[12] 高长江. 现代修辞学 [M]. 长春：吉林大学出版社，1991.

[13] 王希杰. 汉语修辞学 [M]. 北京：商务出版社，2014.

[14] 汪树福. 浅谈"反讽"的修辞手法 [J]. 当代修辞学，1990（3）：36.

[15] 谭学纯等. 汉语修辞格大辞典 [M]. 上海：上海辞书出版社，2010.

[16] 陈望道. 修辞学发凡 [M]. 上海：上海教育出版社，1997.

[17] 张新军. 叙事学的跨学科线路 [J]. 江西社会科学，2008（10）：38-42.

[18] 王希杰. 修辞学导论 [M]. 长沙：湖南师范大学出版社，2011.

[19] 陈毅. 后现代主义视域下观念性影视广告研究 [D]. 浙江工商大学，2014.

[20] 高国庆. 谈英汉互译中修辞格的转译方法及应用 [J]. 时代文学（下半月），2010（3）：40-41.

[21] 梁永刚. 政论语体中间隔反复修辞格的英译 [J]. 湖南科技学院学报，2011（3）：174-176.

[22] H W 詹森. 詹森艺术史：插图第 7 版 [M]. 北京：世界图书出版公司北京公司，2012.

[23] 付晓彤. 互文性：后现代语境中"独创性"的危机与突围方法 [D]. 南京艺术学院，2015.

[24] 黄建霖. 汉语修辞格鉴赏辞典 [M]. 南京：东南大学出版社，1995.

[25] 吕煦. 实用英语修辞 = Practical English Rhetoric[M]. 北京：清华大学出版社，2004

[26] 左思民. 论象征的构建及相关问题 [J]. 当代修辞学，2012（5）：20-32.

[27] 张爱玲等. 建筑的故事 [M]. 北京：中国书籍出版社，2004.

[28] 樊雯. 对传统建筑中民居柱础的初研与保护探讨 [J]. 重庆工商大学学报（自然科学版），2016（6）：124-128.

[29] 贾佳. 联通公司移动通信业务品牌营销策略分析 [D]. 山东大学，2009.

[30] 郑阳辉. 汉语"红段子"语言研究 [D]. 湖南师范大学，2012.

[31] 谢世坚，朱春燕. 隐喻认知视角下《罗密欧与朱丽叶》的双关修辞研究 [J]. 贵州师范学院学报，2014（2）：40-44.

[32] 徐振华. 产品设计中的"陌生化"手法 [J]. 包装工程，2013（14）：61-64.

[33] 原研哉. 设计中的设计 [M]. 朱锷，译. 济南：山东人民出版社，2006.

[34] 周越，王影. 想象与联想在平面设计中的价值研究 [J]. 设计，2018（4）：106-107.

[35] 贡布里希. 艺术发展史 [M]. 范景中，译. 天津 天津人民美术出版社，2001.

[36] 克雷纳. 加德纳艺术通史 [M]. 李建群，译. 长沙：湖南美术出版社，2012.

叙 述 性 设 计 的 修 辞

# 图片来源

## 作者自绘

图 1-1-1、图 1-1-2、图 3-1-1、图 3-2-1、图 3-5-1、图 3-4-1、图 3-6-1、图 3-7-1、图 3-9-1、图 3-10-1、图 3-12-1、图 3-13-1、图 4-1-1、图 4-2-1、图 4-3-1、图 4-4-1、图 4-5-1、图 4-6-1、图 4-7-1、图 4-8-1、图 4-9-1、图 4-10-1、图 4-12-1、图 4-13-1、图 4-14-1、图 4-16-1、图 4-17-1、图 5-1-1、图 5-2-1、图 5-2-2、图 5-2-3、图 5-2-4、图 5-2-5、图 5-2-6、图 5-2-7、图 5-2-8、图 5-2-9、图 5-2-10、图 5-2-11、图 5-2-12、图 5-2-13、图 5-2-14、图 5-2-15、图 5-2-16、图 5-2-17、图 5-2-18、图 5-2-19、图 5-2-20、图 5-3-1

## 图片引用

图 2-1-1 农夫山泉广告词

http://www.ihuawen.com/index.php?g=&m=article&a=index&id=44232

图 2-1-2 菲利普·史塔克 — Juicy Salif 榨汁机

DK. The Definitive Visual History Design. New York: DK Publishing, 2015: 359.

图 2-1-3 扎克伯格 Sleep Box

http://www.rrfanyong.com/cj/689978.html

图 2-2-1 迪特·拉姆斯设计十原则及代表作品

DK. The Definitive Visual History Design. New York: DK Publishing, 2015: 239.

图 2-2-2~ 图 2-2-6 《韩熙载夜宴图》局部

袁杰等 . 故宫博物院藏品大系：绘画篇 · 1 · 晋隋唐五代（汉英对照）. 北京：故宫出版社，2012: 238.

图 2-2-7 祈福的芽

张剑 . 奖述生活 . 福建：福建美术出版社，2017.

图 2-2-8 越南战争纪念碑

[美] H W 詹森，J E 戴维斯 . 詹森艺术史：插图第 7 版 . 艺术史组合翻译实验小组译 . 北京：世界图书出版公司，2013: 1093.

图 3-1-2 门神剪纸

陈山桥 . 陕北剪纸 . 西安：陕西人民美术出版社，2012.

图 3-1-3 《耶稣受难与耶稣下葬》

[美] H W 詹森，J E 戴维斯 . 詹森艺术史：插图第 7 版 . 艺术史组合翻译实验小组译 . 北京：世界图书出版公司，2013: 413.

图 3-1-4 宠物社区标志

https://dribbble.com/shots/10356569-Petopia

图 3-1-5 三菱广告设计

https://www.pinterest.com/

pin/515802963550270486/

图 3-1-6 对狮

朱芸. 中国"狮"民俗探究 [D]. 黑龙江省社会科学院，2017.24.

图 3-2-2 艺术展览海报

孙韵琦. 在美与丑的边缘上"疯狂"试探：从视觉心理的角度理解高田唯的"新丑风"设计 [J]. 设计，2021，34(6)：136-139.

图 3-2-3 无印良品服饰及床品广告海报

[日] 良品計畫株式會社. MUJI 无印良品. 朱锷译. 桂林：广西师范大学出版社，2010：120.

图 3-2-4 电影《寄生虫》海报

https://hd-gb.net/gisaengchung-2019-2160p-fra-uhd-blu-ray-hevc-atmos-mmclx/

图 3-2-5 Graft 餐具

Graft：可降解的一次性餐具 [J]. 工业设计，2016(5)：48.

图 3-3-2 《我们从何处来？我们是谁？我们向何处去？》

[美] H W 詹森，J E 戴维斯. 詹森艺术史：插图第 7 版. 艺术史组合翻译实验小组译. 北京：世界图书出版公司，2013：918.

图 3-3-3 《现在开始瑜伽》广告海报

http://www.bainaben.com/zhonghe/1933.htm

图 3-3-4 《畅快呼吸》广告海报

http://www.welovead.com/cn/works/details/a50BfqpD

图 3-3-5 "DRIVE OR PLAY"PSP 游戏机

https://www.adsoftheworld.com/creative/piergiorgio_rozza

图 3-3-6 Juicy Salif 榨汁机

DK. The Definitive Visual History Design. New York: DK Publishing, 2015: 359.

图 3-4-2 猕猴桃运动鞋广告

https://www.artsy.net/article/artsy-editorial-mona-lisa-selling-shoe-polish

图 3-4-3 Nendo 家具桌椅

日本 nendo 设计工作室. 无限佐藤大. 北京：中信出版社，2020.

图 3-4-4 We+ 磁性椅子

http://www.shalongart.com/art-3051-1.html

图 3-4-5 胡斯托教堂

刘云利. 垃圾建造的绿色教堂 [J]. 教师博览，2011(9)：36-37.

图 3-4-6 PAN 宅 whisky&cocktail&-Lounge

https://www.sohu.com/a/287553201_349693

图 3-5-2 哈雷摩托

来源：https://www.sohu.com/a/169422784_537342

图 3-5-3 "枯山水卷- 生活茶器"

来源：http://news.china-designer.com/Get/hangyejd/136647.htm

图 3-5-4 苏州博物馆一景

贾方. 大师智慧经典空间设计. 武汉：华中科技大学出版社，2010：238.

图 3-6-2 《朱庇特和伊俄》

[美]ＨＷ詹森，ＪＥ戴维斯．詹森艺术史：插图第7版．艺术史组合翻译实验小组译．北京：世界图书出版公司，2013: 605.

图3-6-3 《空中之鸟》

[美]ＨＷ詹森，ＪＥ戴维斯．詹森艺术史：插图第7版．艺术史组合翻译实验小组译．北京：世界图书出版公司，2013: 973.

图3-6-4 Bill Byron wines

http://billbyronwines.com/

图3-6-5 NokiaN95 → iPhone 1 → iPhone X

https://nokia.fandom.com/wiki/Nokia_N95-1

https://www.gsmarena.com/apple_iphone_x-pictures-8858.php

DK. The Definitive Visual History Design. New York: DK Publishing, 2015: 373.

图3-6-6 苹果和索尼耳机设计

https://www.apple.com.cn/cn-k12/shop/product/MWP22CH/A

https://www.sonystyle.com.cn/products/headphone/index.html

图3-7-2 《Afrodizzia》油画

David Adjaye, Thelma Golden. Chris Ofili. New York: Rizzoli International Publications, 2009.

图3-7-3 奥斯曼宫廷风格图案

[美]ＨＷ詹森，ＪＥ戴维斯．詹森艺术史：插图第7版．艺术史组合翻译实验小组译．北京：世界图书出版公司，2013: 302.

图3-7-4 卢沟桥柱头狮

卢沟桥乡地方志编纂委员会．卢沟桥乡志．北京：当代中国出版社，2010.

图3-7-5 秦始皇兵马俑

[英]柯律格．中国艺术．刘颖译．上海：上海人民出版社，2012: 27.

图3-7-6 《兰亭序》中"之"字赏析

蒲松年．中国美术史教程．西安：陕西人民美术出版社，2000: 92.

图3-7-7 总督宫建筑设计

Stephen J. Campbell, Michael W. Cole. A New History of Italian Renaissance Art. London: Thames & Hudson Ltd, 2017: 141.

图3-8-1 潘道菲尼府邸

Stephen J. Campbell, Michael W. Cole. A New History of Italian Renaissance Art. London: Thames & Hudson Ltd, 2017: 399.

图3-8-2 罗马斗兽场

Stephen J. Campbell, Michael W. Cole. A New History of Italian Renaissance Art. London: Thames & Hudson Ltd, 2017: 208.

图3-8-3 巴别塔

https://zhuanlan.zhihu.com/p/25617524

图3-9-2 《玛丽莲·梦露》

弗雷德·S. 克莱纳，克里斯廷·J. 马米亚．加德纳艺术通史．李建群等译．湖南：湖南美术出版社，2013: 846.

图3-9-3 《林迪斯法恩福音书》十字架书页

[美]ＨＷ詹森，ＪＥ戴维斯．詹森艺术史：插图第7版．艺术史组合翻译实验小组译．北京：世界图书出

版公司，2013: 318.

图 3-9-4 "LV"包上的花纹

Louis Vuitton: Art, Fashion and Architecture. Marc Jacobs. New York: Rizzoli, 2009:56.

图 3-9-5 四层花瓶

日本 nendo 设计工作室 . 无限佐藤大 . 北京：中信出版社，2020.

图 3-10-2 海报设计

来源：http://art.china.cn/products/2015-07/20/content_8086321.htm

图 3-10-3 Balance 桌灯

http://www.designboom.cn/news/201701/oblure 推出 balance 台灯 - 尽显平衡之美 _10951.html

图 3-10-4 "连接"座椅

https://www.sohu.com/a/274006212_549050

图 3-10-5 神户兵库县立美术馆内向螺旋楼梯

安藤忠雄，显荣（译）. 兵库县立现代美术馆＋神户水滨广场，神户市，兵库县，日本 []. 世界建筑，2003(6): 56-65.

图 3-11-1《巴蒂斯塔·斯福尔扎与费德里戈·达·蒙塔费尔特罗双联肖像》

[美] H W 詹森，J E 戴维斯 . 詹森艺术史：插图第 7 版 . 艺术史组合翻译实验小组译 . 北京：世界图书出版公司，2013: 413.

图 3-11-2《彩色雕塑》

[美] H W 詹森，J E 戴维斯 . 詹森艺术史：插图第 7 版 . 艺术史组合翻译实验小组译 . 北京：世界图书出版

版公司，2013:1004.

图 3-11-3 电影《黄金时代》海报

范唯 . 中国传统风格的电影海报设计分析：以黄海《黄金时代》为例 []. 设计，2019, 32(1): 50-52.

图 3-11-4 电影《乱世佳人》海报

https://www.mstar.ai/Home/ArticleDetail?guid=f74e21bc-3cb1-4462-8804-e29eea4dc4c5

图 3-11-5 螺旋形的日本漆筷

日本 nendo 设计工作室 . 无限佐藤大 . 北京：中信出版社，2020.

图 3-12-2《林道福音书》

[美] H W 詹森，J E 戴维斯 . 詹森艺术史：插图第 7 版 . 艺术史组合翻译实验小组译 . 北京：世界图书出版公司，2013:325.

图 3-12-3 装饰印花

张钟敏慧，陆洲 . 蓝白之美的艺术之魅：南通蓝印花布纹样特色浅析 []. 美术教育研究，2017(22): 30-31.

图 3-12-4 棋楠香嵌金珠寿字手镯

https://www.sohu.com/a/206134947_186086

图 3-12-5 错银镶嵌寿字纹沉香手镯

https://www.artfoxlive.com/product/2170347.html

图 3-12-6 免滴马克杯

https://www.shejipi.com/17387.html

图 3-12-7 Skelton 系列餐具

日本 nendo 设计工作室 . 无限佐藤大 . 北京：中信出版社，2020.

图 3-12-8 卢浮宫玻璃金字塔

叙 述 性 设 计 的 修 辞

Lannoo. The Art of Optical Illusion. Tielt: Lannoo Publishers, 2019: 44

图 3-13-2 《油脂椅》

黄海云. 从浪漫到新浪漫. 台北: 艺术家出版社, 1999: 216.

图 3-13-3 减肥药广告

https://www.sohu.com/a/319719213_335612

图 3-13-4 博山炉

蒲松年. 中国美术史教程. 西安: 陕西人民美术出版社, 2000: 67.

图 4-1-2 《动物的命运》

[美] H W 詹森, J E 戴维斯. 詹森艺术史: 插图第 7 版. 艺术史组合翻译实验小组译. 北京: 世界图书出版公司, 2013:959.

图 4-1-3 福特汽车

https://www.pinterest.co.uk/pin/55661745364424891/

图 4-1-4 奥林巴斯相机

https://kknews.cc/zh-my/design/9o3pmv8.html

图 4-1-5 Beans & Beyond 咖啡广告

http://www.cnwebshow.com/art/article_106241.html

图 4-1-6 拉链船产品设计

Yasushi Suzuki. The Art of Yasushi Suzuki. Dr. Master Productions Inc, 2007.

图 4-1-7 格伦特维教堂

https://en.wikipedia.org/wiki/Grundtvig%27s_Church

图 4-2-2 猫头人身像牙雕

弗雷德·S. 克莱纳, 克里斯廷·J.

马米亚. 加德纳艺术通史. 李建群等译. 湖南: 湖南美术出版社, 2013:17.

图 4-2-3 全球变暖广告

https://www.adsoftheworld.com/media/print/friends_of_the_earth_polar_bear?size=_original

图 4-2-4 蚁椅 蛋椅 天鹅椅

DK. The Definitive Visual History Design. New York: DK Publishing, 2015: 219.

DK. The Definitive Visual History Design. New York: DK Publishing, 2015: 225.

图 4-2-5 尼斯湖水怪汤勺

https://www.ototodesign.com/collections/best-sellers

图 4-2-6 Baby M 摄像头

http://cs.djzbl.com/djz/9806/170993.html

图 4-2-7 玛丽莲·梦露大厦

何莹. 马岩松: 为了自由, 挑战了所有人 [J]. 中外建筑, 2007(1): 1-5.

图 4-3-2 《探索的本质》主题展览

https://www.sohu.com/a/341838640_162522

图 4-3-3 3D 螺丝钉浮雕画

http://www.360doc.com/content/13/0307/01/699582_269779562.shtml

图 4-3-4 泰国口香糖广告

http://www.totoke.com/anli/ggdes/1644.html

图 4-3-5 可口可乐广告

https://www.shangyexinzhi.com/article/152943.html

图 4-3-6 三明治包装袋

https://www.sohu.com/a/2132
48611_655780

图 4-3-7 长野冬季奥运会开幕式
节目册

https://www.ndc.co.jp/hara/

图 4-3-8 樱花杯

转化性思维：新锐设计师坪井浩
尚和他的 100% 工作室 [J]. 工业设计，
2017(5): 24-27.

图 4-3-9 Alessi 快乐鸟水壶

DK. The Definitive Visual History
Design. New York: DK Publishing,
2015: 362.

图 4-3-10 Layered 音响

https://www.twoeggz.com/
int/5226184.html

图 4-3-11 梅田病院

李刚，李唯羽. 梅田医院导视
系统中情感化设计的解析 [J]. 设计，
2015(1): 92-93.

图 4-3-12 盲人茶具设计

https://www.weibo.com/p/23041
8491183dd0102va6o?pids=Pl_Official_
CardMixFeedv6__4&feed_filter=1

图 4-4-2 《呐喊》

[美] H W 詹森，J E 戴维斯. 詹
森艺术史：插图第 7 版. 艺术史组合
翻译实验小组译. 北京：世界图书出
版公司，2013:924.

图 4-4-3 阿努比斯

[法] Jean Vercoutter. 古埃及探
秘：尼罗河畔的金字塔世界. 吴岳
添译. 上海：上海书店出版社，1998:
123.

图 4-4-4 流浪动物海报

https://www.duitang.com/
blog/?id=154899634

图 4-4-5 霸下

刘慧，赵鹏. 说龟与赑屃 [J]. 民俗
研究，2003(4): 144-154.

图 4-5-2 《眼睛，一个奇怪的气球
升入无垠》石版画

[美] H W 詹森，J E 戴维斯. 詹
森艺术史：插图第 7 版. 艺术史组合
翻译实验小组译. 北京：世界图书出
版公司，2013:924.

图 4-5-3 电影《黄金时代》海报

范唯. 中国传统风格的电影海报
设计分析：以黄海《黄金时代》为例 [J].
设计，2019, 32(1): 50-52.

图 4-5-4 电影《龙猫》台湾版海
报

https://www.uisdc.com/designer-
huang-hai-12-years-of-works

图 4-5-5 挪威峡湾深处的后现代
主义建筑

http://mirum.ru/news/
world_trend/arkhitektura/prosto_
pridorozhnyy_obshchestvennyy_tualet_
v_norvegii/

图 4-5-6 The Barai SPA 酒店

Jeany，之时. THEBARAISPA 的泰
极"设计 [J]. 人与自然，2014(1): 10-19.

图 4-6-2 《吻》

[美] H W 詹森，J E 戴维斯. 詹
森艺术史：插图第 7 版. 艺术史组合
翻译实验小组译. 北京：世界图书出
版公司，2013:924.

图 4-6-3 JBL 降噪耳机创意平面广告

https://www.adsoftheworld.com/
media/print/jbl_block_out_the_chaos_
football_managers

图 4-6-4 《蓝雨伞之恋》电影海报
https://mike0123783.pixnet.net/
album/photo/218512566

图 4-6-5 Angel Bins 鞋子募捐系列
创意平面广告
https://www.sohu.com/a/24956
4365_701043

图 4-6-6 "隙" 存钱罐
https://www.zcool.com.cn/work/
ZMzMxNjAxNjg=.html

图 4-6-7 光之教堂
［英］福蒂 . 20 世纪世界建筑 .
尚晋等译 . 北京：人民美术出版社，
2013: 130.

图 4-6-8 流水别墅
［美］拉金，法伊弗 . 弗兰克 · 劳
埃德 · 赖特：经典作品集 . 丁宁译 .
北京：电子工业出版社，2012: 153.

图 4-7-2 《红磨坊》
［美］H W 詹森，J E 戴维斯 . 詹
森艺术史：插图第 7 版 . 艺术史组合
翻译实验小组译 . 北京：世界图书出
版公司，2013:913.

图 4-7-3 《秋千》
［美］H W 詹森，J E 戴维斯 . 詹
森艺术史：插图第 7 版 . 艺术史组合
翻译实验小组译 . 北京：世界图书出
版公司，2013:764.

图 4-7-4 现在／过去印章
Yasushi Suzuki. The Art of Yasushi
Suzuki. Dr. Master Productions Inc,
2007.

图 4-7-5 苏州和氏创意大厦
张郁 . 苏州和氏创意大厦 []. 中国
建筑装饰装修，2019(2): 102.

图 4-7-6 郭庄
郑森，郭毅，乔鑫 . 杭州郭庄
园林艺术赏析 []. 中国园林，2010，
26(11): 97-100.

图 4-8-2 福特汽车
https://www.topys.cn/article/
11416.html

图 4-8-3 曼哈顿系列座椅
http://www.ccdol.com/hangye/
yynews/26264.html

图 4-8-4 渡江战役纪念馆
渡江战役纪念馆 []. 建筑实践，
2019(12): 88-91.

图 4-9-2 《墨梅图》
袁杰等 . 故宫博物院藏品大系：
绘画篇 · 5 · 元（汉英对照）. 北京：
故宫出版社，2013: 206.

图 4-9-3 《电子超高速公路：大陆
美国》 灯光装置
［美］H W 詹森，J E 戴维斯 . 詹
森艺术史：插图第 7 版 . 艺术史组合
翻译实验小组译 . 北京：世界图书出
版公司，2013:1065.

图 4-9-4 Light-Fragments
日本 nendo 设计工作室 . 无限佐
藤大 . 北京：中信出版社，2020.

图 4-9-5 电影 《黄金时代》 海报
https://www.uisdc.com/designer-
huang-hai-12-years-of-works

图 4-9-6 电影 《我不是药神》 海报
https://ent.sina.cn/film/chinese/
2018-07-08/detail-ihezpzwt3626081.d.ht

ml?cre=tianyi&mod=wpage&loc=17&r=0&doct=0&rfunc=75&tj=none&tr=4

图 4-9-7 瑞士自闭症论坛宣传创意广告

https://new.qq.com/omn/20180325/20180325A1CTD1.html

图 4-9-8 MINISO"笼中之光"音箱

https://www.zcool.com.cn/work/ZMzg3NTgzMDg=.html

图 4-9-9 Variations of Time

日本 nendo 设计工作室．无限佐藤大．北京：中信出版社，2020.

图 4-9-10 萨卡拉金字塔

[美] H W 詹森，J E 戴维斯．詹森艺术史：插图第 7 版．艺术史组合翻译实验小组译．北京：世界图书出版公司，2013:53.

图 4-10-2《舌尖上的中国》海报

https://kknews.cc/culture/3o2z8v3.html

图 4-10-3《我在故宫修文物》海报

https://www.uisdc.com/designer-huang-hai-12-years-of-works

图 4-10-4 法国帝国风格座钟

https://dizain.guru/stili-proekty/koncepcii-stilya/ampir-v-interere-1188

图 4-11-1 平（瓶）生三级

https://zhuanlan.zhihu.com/p/41784704

图 4-11-2 掐丝珐琅太平有象（喜象升平）

https://www.sohu.com/a/294992262_368367

图 4-11-3 中国联通广告

https://zh.wikipedia.org/wiki/%E4%B8%AD%E5%9B%BD%E8%81%94%E9%80%9A

图 4-12-2《威伦道夫的维纳斯》

[美] H W 詹森，J E 戴维斯．詹森艺术史：插图第 7 版．艺术史组合翻译实验小组译．北京：世界图书出版公司，2013:12.

图 4-12-3《斜倚的人体》

[美] H W 詹森，J E 戴维斯．詹森艺术史：插图第 7 版．艺术史组合翻译实验小组译．北京：世界图书出版公司，2013:1003.

图 4-12-4《恩狗画册》设色纸本册页

https://www.sohu.com/a/273398468_534797

图 4-12-5"不可能的守门员"户外广告

https://www.2008php.com/tuku/57602.html

图 4-12-6 Purina 狗粮广告

https://www.pinterest.com/pin/685954586973312771/

图 4-12-7 Xiao Li SS14 系列的大廓形

https://www.kingdomofstyle.net/blog/2013/12/10/marshmallow-style

图 4-12-8 BMW700 跑车

https://www.zcool.com.cn/article/ZMTAzNTY0NA==.html

图 4-13-2《朱迪思·莱斯特自画像》

[美] H W 詹森，J E 戴维斯．詹森艺术史：插图第 7 版．艺术史组合翻译实验小组译．北京：世界图书出版公司，2013:27.

图 4-13-3 《虚镜》

[美] H W 詹森，J E 戴维斯. 詹森艺术史：插图第 7 版. 艺术史组合翻译实验小组译. 北京：世界图书出版公司，2013:998.

图 4-13-4 电影《念念》海报

https://www.uisdc.com/designer-huang-hai-12-years-of-works

图 4-13-5 "裁掉出血"海报

https://m.sohu.com/a/257407751_197968

图 4-13-6 仿造手风琴椅子

https://www.shejipi.com/193229.html

图 4-13-7 历历在"木"日历

https://kuaibao.qq.com/s/20190829AZND0Z00?refer=spider

图 4-13-8 钢琴楼梯

http://news.haiwainet.cn/n/2016/1230/c3541092-30611651-6.html

图 4-14-2 《草地上的午餐》

[美] H W 詹森，J E 戴维斯. 詹森艺术史：插图第 7 版. 艺术史组合翻译实验小组译. 北京：世界图书出版公司，2013:870.

图 4-14-3"We're at peace"子弹作品

https://www.designstack.co/2016/04/killing-it-with-bullet-animal-sculptures.html

图 4-14-4 Absorbed by Light 装置

https://www.duitang.com/blog/?id=1026970182

图 4-14-5 MOSCHINO 品牌纪念 30 周年海报

http://www.moda.san.beniculturali.it/wordpress/?percorsi=francesco-franco-moschino-1950-1994

图 4-14-6 汉堡王创意广告

https://www.shangyexinzhi.com/article/152943.html

图 4-14-7 布鲁尔 瓦西里椅，1925 & 门尼迪 瓦西里椅，1978

弗雷德·S. 克莱纳，克里斯廷·J. 马米亚. 加德纳艺术通史. 李建群等译. 湖南：湖南美术出版社，2013:798.

图 4-14-8 MOSCHINO 2016 早春系列

https://kknews.cc/zh-sg/fashion/38bp8a.html

图 4-15-1《战争的后果》

弗雷德·S. 克莱纳，克里斯廷·J. 马米亚. 加德纳艺术通史. 李建群等译. 湖南：湖南美术出版社，2013:606.

图 4-15-2 《打结的手枪》

https://en.wikipedia.org/wiki/Non-Violence_(sculpture)

图 4-15-3 《多瑙河畔的鞋》

https://en.wikipedia.org/wiki/Shoes_on_the_Danube_Bank

图 4-15-4 《沙滩上的巨型报纸》大型沙雕艺术作品

https://www.sohu.com/a/324392687_243951

图 4-15-5"减少塑料污染"海报

https://www.adsoftheworld.com/media/print/less_plastic_danger_in_the_water_forks

图 4-15-6 反疲劳驾驶公益海报

https://www.sohu.com/a/22697

5574_145439

图 4-15-7 《肤色不能决定你的未来》

https://act.adforum.com/creative-work/ad/player/34454992

图 4-15-8 感温软头安全汤匙

http://www.ivorybaby.com/Product/detail/classid/84/id/107.html

图 4-15-9 方尖碑

[法] Jean Vercoutter. 古埃及探秘：尼罗河畔的金字塔世界. 吴岳添译. 上海：上海书店出版社，1998：159.

图 4-15-10 蒲牢

周乾. 故宫古建筑异兽文化研究[J]. 白城师范学院学报，2019，33(9)：14-25+46.

图 4-16-2 《静物：花、高脚杯、水果干和饼干》

弗雷德·S. 克莱纳，克里斯廷·J. 马米亚. 加德纳艺术通史. 李建群等译. 湖南：湖南美术出版社，2013：607.

图 4-16-3 《橡树林中的修道院》

[美] H W 詹森，J E 戴维斯. 詹森艺术史：插图第 7 版. 艺术史组合翻译实验小组译. 北京：世界图书出版公司，2013：835.

图 4-16-4 水果香皂

https://www.kaveyeats.com/2018/05/the-best-souvenirs-to-buy-in-thailand.html

图 4-16-5 MIUI 动态自然音效体系

https://home.miui.com/

图 4-16-6 园林假山

毛培琳，朱志红. 中国园林假山. 中国建筑工业出版社，2004.

图 4-17-2 《带胡须的蒙娜丽莎》与《蒙娜丽莎》

[美] H W 詹森，J E 戴维斯. 詹森艺术史：插图第 7 版. 艺术史组合翻译实验小组译. 北京：世界图书出版公司，2013：29.

图 4-17-3 《影》 阴阳版海报

https://zhuanlan.zhihu.com/p/45823266

图 4-17-4 观鱼独钓香台

https://zhuanlan.zhihu.com/p/41714000

图 4-17-5 五彩团花纹胶带

http://en.pinkoi.com/product/145OBgyZ

图 4-17-6 Freedom 座椅和 Summa 高级行政座椅

https://www.luxurywatcher.com/zh-Hans/article/26967

图 4-17-7 Burberry Arthur 运动鞋

https://cn.burberry.com/meet-arthur/

# 后　记

　　十七年前，余离赣赴京，到清华大学深造，同时赴京攻读博士学位的还有三四位至交好友，有中国人民大学的李君、北京大学的陈君和中央党校的淦君等，修学之余，周末常相约一聚，共同度过一段难忘的时光。诸君在不同专业领域学习，闲谈中总不免涉及彼时关注的学术热点、阅读的著作论文，学科间的交流就存于这随意之间了。陈君时于北大修习英美文学，在叙事学上颇有心得，也是此时余得窥叙事学之一斑。

　　真正进入设计叙事学的研究是 2016 年，在苏州大学艺术学院，指导研究生开始涉猎设计叙事学的研究，尝试在设计学中引入叙事学的观念和方法以建构设计叙事学的框架。虽只是一个设计学领域的分支，也有一些学者在此领域有所探索，并有研究成果，但是学科分支的体系建构还有许多工作要一一展开，非短时可以完成。好在这些年所指导的研究生中总有愿意参加该课题研究的同学，课题的进展也较为顺利，逐步形成一批研究成果。本书即为课题组研究的阶段性成果之一，研究生胡娅娅参与了第一、二章的撰写，研究生姚洋、王冠、赵小蝶参与了第三、四、五章的撰写和插图的查找整理工作，在此表示感谢！感谢周艺、陈蜜设计了书籍封面和版式，让阅读的体验更加友好。

　　叙事理论进入设计丰富了设计作品的信息交互，能更简明清晰地传达符号意义，这将极大增强人类设计作品的内涵与外延，因此设计叙事学的研究应当尽快进入设计学理论体系建构的日程规划之中。而修辞又如杠杆放大了叙事对于设计的功用和设计的叙事性，本书将三十多个设计中常用的叙事修辞手法分别解说并列举文学、绘画、雕塑、建筑和设计作品加以说明，深入浅出，易于理解，很适合设计从业者和正在学习设计的人士作为案头书、工作手册参考，如能静心细读，定能从中有所裨益。

江牧
辛丑牛年辛卯月春分于姑苏独墅湖畔